教養基礎シリーズ

まるわかり！基礎化学

改訂2版

久留米大学医学部 教授　田中永一郎 監修

福岡大学理学部 准教授　松岡雅忠 著

南 山 堂

改訂2版の序

　初版発刊から10年の月日が経ちました．おかげさまで医療・生命系の大学・短大・専門学校で多数，教科書としてお使いいただきました．この間，中等教育段階のカリキュラムが見直され，求められる学習時間も学習量も増えました．そして「大学入学共通テスト」では，会話文の大意把握，データの分析，グラフの読み取りなど，知識の活用能力がより求められるようになるなどの改革が行われつつあります．

　2020年には新型コロナウイルスが流行し，通学もままならない状況になるなど，社会的にも大きな変化が起こりました．読者の皆さんの多くも，遠隔授業を経験したのではないでしょうか．筆者の所属する大学でも，多くの学生が苦労をしながら取り組んでいる姿が印象的でした．この状況を乗り越え，学校生活の大切さ，対面での授業の充実感を改めて感じたという学生も多くいたようです．この改訂2版が発刊される2021年時点では，まだ制限付きでのキャンパスライフかと思いますが，多感な青春時代を，仲間とともに思う存分に楽しんでほしいと願っています．

　ところで，コロナ禍の中で教育現場でもICTを活用する場面が増え，幅広い知識に触れられるようになりました．いろいろなことに関心を持つ姿勢の人には，学ぶ愉しさを一層感じられるものになったはずです．また，コンピュータでは代替することのできない，成長するための「学び」の意味を意識し，基礎学力を定着させることがこれまで以上に重要になってきました．

　本書の基本的コンセプトは，次ページの「刊行のことば」にもあるように，「生きる力」を身につけることにあります．今回の改訂では，家にある物品を使ってチャレンジできる「実験してみよう！」の新設，身近な事柄と化学を結び付けられるようになるための「STEP UP」，医療に即した化学を感じてもらうための「ワンポイント化学講座」の追加をそれぞれ行いました．これらは，化学の基礎力を身につけながら，定量的な理解を促し，現場で活用できるようにすることが狙いです．人類は自然を観察し，役に立つ物質を探索・開発し，それらを活用して生活に応用してきました．化学の用語を整理するだけでなく，それらの織りなす現象をイメージしながら読み進めて下さい．

　最後になりましたが，今改訂を行うにあたりましては，皆様より頂戴した貴重なご意見を反映させていただきました．心よりお礼申し上げるとともに，今後とも忌憚ないご意見をいただきたく，よろしくお願い申し上げます．

2021年5月

福岡大学理学部 准教授

松 岡 雅 忠

刊行のことば

　1980年から小学校ではじめられた「ゆとり教育」は，高等学校に至っては2014年度に（数学と理科は2013年度に前倒して）終了します．学習内容を削減したこのカリキュラムは約30年間続けられてきましたが，これからは詰め込み型に戻るのではなく，思考力・判断力・表現力の育成を実現するための「生きる力」を重視したカリキュラムに継承されていきます．

　たしかにゆとり教育の成果はありました．しかし教育現場では，世界（特にアジア）の情報化教育，および自然科学教育との隔たりを埋めたくても埋めるだけの時間が確保できないという制約がありました．この30年間，諸外国では瞬く間に情報化社会が根付き，なかでも理数科目の教育水準は確実に底上げされました．

　さて，日本の医学・生命科学・医療技術・看護系の大学ではどうでしょう．国家試験や資格試験のレベルを維持するためにも，ほぼ従来通りの高い教育を実践してきました．しかし，一方では学生の確保のために入学試験において理科の科目を選択制にするなど，どの学部でも入試科目の数を減らしてきました．晴れて大学に入学した学生も，専門の学部や学科に進む前に最低限必要な科目を大学で学ぶ必要が出てきたのです．ゆとり教育の一つの歪みかもしれません．

　今回，私たちは多くの教科書・テキストを検証し，大学や専門学校のシラバスも読み込みました．また，直接，大学教員からの要望も聞いたうえで，今までにない教科書を作りたいと考えました．そして高校教員と大学教員がタッグを組んで作り上げたのが「教養基礎シリーズ」です．文章は高校教員がわかりやすく執筆し，学術的なチェックとレベル調整を大学教員が科目間で行いました．

　必ずや期待に添える教科書に仕上がったと確信しております．そしてお気づきの点やご意見・ご要望等，お寄せいただければ改訂時に反映させたいと考えております．

　最後になりましたが，これから大学生活を送るにあたり，本書があるかぎり高校の分厚い理科の教科書を見直す必要はありません．ぜひ大学生活の第一歩として，シリーズ第二弾である「まるわかり！基礎化学」を活用していただけることをお願い申し上げます．

2012年1月

シリーズ編集
慶應義塾女子高等学校教諭
小 林 秀 明

初版の序

　われわれが生きていくには物質のお世話にならなければならないように，自然科学のどのような分野を学ぶ際にも，最低限の化学の知識が必要になります．なかでも，医療や看護にかかわる人にとって，化学は臨床現場に関わりの深い学問のひとつです．ヒトの体のしくみ，医薬品の化学構造と効用といった，「生化学」や「薬理学」を専門的に学ぶうえで欠かせません．

　化学は個々の化合物の性質や構造，反応の様子を明らかにする学問です．19世紀以降，化学のさまざまな分野で新しい発見が相次ぎ，領域ごとに名称がつけられるようになりました．たとえば，有機化学，無機化学，理論化学，分析化学，高分子化学など，聞いたことがある人も多いのではないでしょうか．最近では，「機能材料化学」という分子を巧みに組み合わせて，これまでにない性質をもった物質をつくり出す分野が脚光を浴びています．ナノテクノロジーと呼ばれている技術もそのなかに含まれます．広い視点から見ると，自然の営みが太古から現在までどう進んできたのか，あるいは，人工物質による汚染の防止といった，化学の視点から環境を見る「環境化学」も近年ホットなテーマです．

　高校で学んだ化学を思い出すと，「原理や法則，化合物の性質を試験のために暗記して苦労した」という人もいるかもしれません．本書では，すべての基礎となる元素の周期表の性質からはじめ，化学反応の仕組み，有機化合物，生命と化学，無機化合物の順に化学の全体像をスムーズにつかめるように構成しています．登場する化合物は，重要度の高い数十種類に絞っていますので，化合物が見せるさまざまな側面を無理なく把握することができるよう工夫しています．

　本書を通して，医療従事者に求められる化学の基礎をマスターし，専門的な学びを深める際の足がかりとなれば幸いです．

2012年1月

駒場東邦中学校・高等学校教諭

松 岡 雅 忠

− CONTENTS −

化学の世界

　あらゆる物質は原子からできています．原子にどれだけの種類があるか，つまり，どれだけの元素が存在するかは，古くから化学の重要なテーマでした．本章では，その解明の過程と，元素間に目に見えないリズム（周期律）が存在することを学びます．

　技術が発展するとともに，さまざまな物質が発見されてきました．われわれが目を向けるところには，常に現代科学の成果が見られます．それらがどのような元素と関係があるかも意識してみましょう．

キーワード　原子説，元素，化合物，単体，周期表，有効数字

第1節　物質と化学・元素の分布

化学とは

　化学は，物質がどのような構造でできているか，どんな性質をもっているか，反応によってどのようなものに変化するか，また，その背景にどんな理由があるのかを研究する自然科学の一分野です．

　化学は，はるかな過去にさかのぼって考えることができます．火の発見や土器の製造は物質の化学変化を利用した最初の出来事です．また，6000年も前に，鉱石から金属を精錬する技術は実用化されており，こちらも，化学を応用した初期の例です．

　物質が，「きわめて小さく分離できない粒子」から成り立つという仮説・概念は紀元前400年ごろの古代ギリシアの哲学者，デモクリトス Dēmokritos らが提唱しました．「アトム」から世界が成り立っているという古代ギリシアの考えは，現代の，原子に基礎を置く化学に似ており，現代では元素としての性質を保つ最小の粒子を原子といいます．

　19世紀前半，イギリスの化学者ドルトン J. Dalton は，「物質はもうこれ以上分解できない，究極的な粒子である原子からできており，原子は各元素の種類に従って固有の質量をもつ」という原子説を提唱しました．また，イタリアのアボガドロ A. Avogadroは，原子が複数個結合した分子というものが存在するという仮説を立て，さまざまな実験結果を説明しました（図1-1）．

　化学の発展は1800年代以降に勢いを増し，有益な化合物を工業的に生産できるようになりました．化学は人間の生活スタイルそのものを大きく変え，近年では，生命

図1-1　錬金術師の実験室

現象や宇宙の成り立ちなどを理解するうえでも欠かせない武器にもなっています.

元素・原子と単体・化合物

水を分解すると水素と酸素に分かれますが，水素と酸素をさらに分けることはできません. このような成分を元素といいます. 水を構成する元素は水素と酸素であり，食塩（塩化ナトリウム）を構成する元素は塩素とナトリウムです.

元素を表すには元素記号が使われます. 現在知られている元素は110種類以上あり，それぞれに元素記号と名称が定められています. 元素の性質をもつ最小の粒子のことを原子といいます. 元素記号は，原子や分子を表すためにも用いられ，たとえば，水は水素原子Hと酸素原子Oから作られるのでH_2Oと表されます. 同様に食塩はNaClと表されます.

単体とは，単一の元素からできている純物質のことで，水素H_2，酸素O_2など原子2つからできた分子として存在しているものや，鉄FeやナトリウムNaなどのように金属として存在するものもあります. これに対して，水H_2Oなど2種類以上の元素からできている純物質を化合物といいます.

生体を構成する元素

生体を構成する元素は，酸素O，炭素C，水素H，窒素Nの4元素で全体の9割以上を占めています. これは生体を構成する成分，とくに原形質（核と細胞質を合わせた部分）の成分の8割以上が水H_2Oで占められているからです（図1-2）.

このほか，マグネシウムMg，カルシウムCa，カリウムK，イオウS，リンP，鉄Feなどの元素が，核酸や酵素，ATPの成分として生体内に含まれており，食事によって日々補われています. 以上の元素を10大元素と呼ぶこともあります.

また，これらの10元素のほかに，微量でも必要な元素にはマンガンMn，ホウ素B，亜鉛Zn，銅Cu，モ

リブデンMo，コバルトCoなどがあり，微量元素といいます.

植物では，これらの元素のうちのどれかひとつを欠くと正常な成長が見られなくなります. このように必要な元素がひとつでも欠けると成長に影響を及ぼすことをリービッヒの最小律といいます.

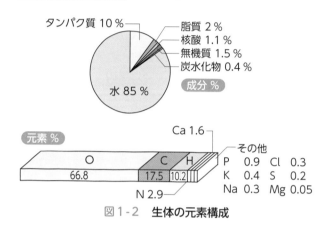

図1-2　生体の元素構成

地球を構成する元素

表1-1は，地表（地殻），地球全体，太陽系全体を構成する元素の組成を表したものです. これによると地表（地殻）では酸素Oとケイ素Siの割合が多いことがわかります. これらは単体としては存在せず，石英などの岩石の成分（二酸化ケイ素SiO_2）として多く存在しています（表1-1）.

表1-1　地殻，地球，太陽系を構成する元素の組成

	地表（地殻）	地球全体	太陽系
H	141,000	6,100	2.79×10^{10}
He	0	110	2.72×10^9
C	1,700	6,900	1.01×10^7
N	150	54	3.13×10^6
O	2,950,000	3,500,000	2.38×10^7
Na	125,000	10,000	5.74×10^4
Mg	87,100	1,100,000	1.07×10^6
Si	1,000,000	1,000,000	1.00×10^6
K	67,100	640	3.70×10^3
Fe	907,000	1,100,000	9.00×10^5

（ケイ素の原子数を1,000,000＝10^6とする）

第2節 元素の周期表

原子量測定の歴史

19世紀初頭は，化学反応の量的関係を基に，ドルトンの原子説や，アボガドロの分子説などの基礎理論が次々に発表された時代です．原子量の必要性も理解されてはいましたが，まだ元素と原子の概念が明確ではなかったため，さまざまな解釈が乱立していました．ここでの原子量とは，原子の質量の比を表したものです（図1-3）．

図1-3　ドルトンの原子量表

スウェーデンのベルセリウス J. Berzelius はドルトンの原子説に大いに感銘を受け，化学式や原子量の決定を目標に，大規模な実験を行いました．それまでの錬金術的な元素記号をアルファベットに改め，その当時としては驚異的な正確さで各種の分析実験を行いました．さらに彼は，現在でも高校の実験室で使われている器具や実験方法を開発した人でもあります．ろうと，ろ紙，るつぼ，精密天秤など数え切れない器具や手法の開発と普及に貢献し，「分析化学の父」として今でも高い評価を得ています（図1-4）．

1815年にイギリスのプラウト W. Prout が発表した仮説は，「水素の原子量を1.0としたとき，すべての原子量はその整数倍になる」というもので，この説は多くの人々を惹きつけました．

図1-4　ベルセリウスの像（スウェーデン）

元素の周期表

ドイツの化学者のケクレ F. Kekulé は，原子量や分子量などの概念が研究者によってまちまちであることを問題視し，1860年にカールスルーエで国際化学者会議を開催しました．これが，多くの化学者が元素の間の規則性を調べていくきっかけとなりました．

ロシアの化学者であるメンデレーエフ（図1-5）は，すべての元素について，その当時知られていた原子量などを記したカードを作ったそうです．このカードを原子量の小さいものから順番に並べていくと，同じような性質をもった元素が，同じ列に配列できることに気がつき，1870年に論文を発表しました．

その周期表が表1-2です．メンデレーエフは，化学的性質が類似している元素は同じ「族」に分類でき，未知の元素の化学的性質を予測できると考えました．

表1-2　メンデレーエフの周期表の一部

	Ⅰ族	Ⅱ族	Ⅲ族	Ⅳ族	Ⅴ族	Ⅵ族	Ⅶ族	Ⅷ族	
1	H = 1								
2	Li = 7	B = 9.4	B = 11	C = 12	N = 14	O = 16	F = 19		
3	Na = 23	Mg = 24	Al = 27.3	Si = 28	P = 31	S = 32	Cl = 35.5		
4	K = 39	Ca = 40	_ = 44	Ti = 48	V = 51	Cr = 52	Mn = 55	Fe = 56, Co = 59 Ni = 59, Cu = 63	
5	(Cu = 63)	Zn = 65	_ = 68	E = □	As = 75	Se = 78	Br = 80		
6	Rb = 85	Sr = 87	?Yt = 88	Zr = 90	Nb = 94	Mo = 96	_ = 100	Ru = 104, Rh = 104 Pd = 106, Ag=108	
7	(Ag = 108)	Cd = 112	In = 113	Sn = 118	Sb = 122	Te = 128	I = 127		
8	Cs = 133	Ba = 137	?Di = 138	?Ce = 140	—	—	—		

(注)＿の空欄は，メンデレーエフが当時まだ発見されていなかった元素を予測したものである．また，「?」は純粋な元素の単体という確証が得られなかったもので，現在と元素記号が異なるものもある．( ) で囲ったものは，同じ族の他の元素と性質が異なり，仮の位置であることを表している．

図1-5　メンデレーエフの像（モスクワ大学）

たとえば，彼は，その当時未知であった元素 E について，その酸化物の化学式を EO_2 と推測しました．また，E の原子量を，前後の数値の連続性から類推しました．すると，E の原子量は 68 < E < 75 と予想され，平均をとって 71.5 程度と考え，この元素をエカケイ素と名付けました．

1886 年，ドイツのウィンクラー C. A. Winkler がこの元素を発見し，ゲルマニウムと命名しました．メンデレーエフが周期表に基づいて予想したエカケイ素の性質とゲルマニウムの性質がよく一致し，彼の周期表の価値の高さを示す好例となりました（表1-3）．

表1-3　エカケイ素とゲルマニウムの性質

	エカケイ素	ゲルマニウム
原子量	72	72.6
密度 (g/cm³)	約5.5	5.327
融点	高い	952℃
色	灰色	灰色

同じく表1-2では，原子量の順番から考えると，テルル Te とヨウ素 I の順番は逆転しています．しかし，メンデレーエフは，元素の化学的な性質の類似性から，テルルとヨウ素を配置しました．現在では，この配列が正しいことがわかっています．また，原子量は正確には整数からずれますが，その理由とも関連があり，詳しくは第4章で学びます．

新元素の発見

天然に存在する元素としては原子番号92のウラン U が最大で，そこから先の原子番号の元素は，粒子加速器を用いて実験的に合成されます．2021 年の時点で，原子番号118のオガネソン Og までが命名されています．オガネソンは18族元素であり，ちょうど第7周期がすべて命名されたことになります．

ところで，原子番号113番の元素は，日本にちなんでニホニウム Nh と名付けられたことは，2016年に大きな話題となったので，知っている人も多いと思います．

理化学研究所の仁科加速器研究センターでは，原子番号83のビスマス Bi 原子に原子番号30の亜鉛 Zn 原子のビームを当て，113番元素の合成研究を行っていました．1秒間に 2.5 兆個の亜鉛ビームを照射し続けて，ついに2004 年，原子番号113の原子（核）を 1 個合成・確認しました．複数回合成して再現性を確認したことが評価され，命名権を獲得しました．名前の候補には，「ジャポニウム」や「ニシナニウム（物理学者の仁科芳雄にちなむ）」，「ワコニウム（研究所のある埼玉県和光市にちなむ）」などが挙げられたそうです．

第3節 化学で使う数字のルール

物理量と単位

　質量や体積など，物理的な性質や状態を表現する量を物理量といいます．物理量を扱うときには，その物理量に対応した単位を添える必要があります．

　国際単位系（SI：the international system of unit）は，m（メートル），kg（キログラム），A（アンペア，電流の単位），K（ケルビン，温度の単位），mol（モル，物質量），s（秒，時間の単位）を基本単位とする単位系です．

　これらの単位を組み合わせて表現する単位を組立単位といいます．体積を表す m^3 や，速度を示す m/s などは組立単位の例です．また，摂氏温度を表す ℃ や，熱量を表す J（ジュール）といった，いくつかの SI 組立単位には，利便性の観点から固有の名称と記号があたえられています．

大きな数字・小さな数字

　物理学や化学ではきわめて大きい数字や小さい数字を扱うことがよくあります．たとえば，水 18 g 中には，602,000,000,000,000,000,000,000 個の水分子が含まれています．このような大きい数では，0 の数が多すぎて間違えるかもしれません．

　そこで累乗を用いて数字を表します．たとえば，1,000 は $10 \times 10 \times 10$ なので，10^3 となります．逆に 0.001 の場合は，$\frac{1}{10} \times \frac{1}{10} \times \frac{1}{10}$ なので，$\frac{1}{10^3}$ となります．これを 10^{-3} と書きます．

　このようにして，水 18 g 中の分子の数を累乗を使って表すと，6.02×10^{23} 個 となり，スッキリと間違いなく書くことができます．

　また km，mm など，単位には 1000（10^3）を基準としたものがあります．質量の単位 g を例に考えてみると，10^3 g は 1 kg，10^{-3} g は 1 mg となります．

有効数字

　物体の長さを測定したとき，220 cm だったとします．100 cm ＝ 1 m であるので，**220 cm ＝ 2.2 m** という形で記述することもできます．

　しかしここで問題が出てきます．220 までの 3 桁が測定した値なのに，2.2 m だと 2.2 の次の数が未知でよくわかりません．この場合，2.20 m と表すように書くと測定値を表現することができます．これを有効数字といいます．また 0.00022 の有効数字は 2 桁となり，頭についている 0.000 は位取りのための 0 なので，有効数字には数えません．0.000220 の有効数字は 3 桁です．

> **有効数字の桁の数え方の例**
> ・10 → 2桁　　・100 → 3桁
> ・2.0 → 2桁　　・3.00 → 3桁
> ・2.403　　→ 4桁
> ・0.00432 → 3桁

　また次のような小さい数は，小数で表すと有効数字の桁数がわかりにくいため，一般的には次の右側のように表記します．

> **有効数字の表し方の例**
> ・0.00022 ←→ 2.2×10^{-4}
> どちらも有効数字2桁
>
> ・0.000220 ←→ 2.20×10^{-4}
> どちらも有効数字3桁

掛け算・割り算

有効数字の最も少ない桁数に合わせます．計算途中は有効桁数＋1桁で計算していきます．

例）

$$2.10 \times 1.23456$$

$$\fallingdotseq \underset{3桁}{2.10} \times \underset{3桁+1桁}{1.235}$$

$$= 2.5925$$

足し算・引き算

小数点以下の最も少ない桁数に合わせます．計算途中は有効桁数＋1桁で計算します．

例）

$$1.234 + 234.1$$

$$\fallingdotseq \underset{\substack{小数点以下 \\ 1桁+1桁 \\ （2桁）}}{1.23} + \underset{\substack{小数点以下 \\ 1桁}}{234.1}$$

$$= 235.33$$

有効数字の応用

文章中には，有効数字の桁数が異なる数字が登場することはしばしばあります．その場合は，最も有効数字の桁数が少ない側に合わせます．

たとえば，「20 % の砂糖水 350 mL に含まれる砂糖の質量」について考えるとき，この表現には2桁と3桁が混在しているので，砂糖の質量は70 g と答えます．

別の例で考えてみましょう．「砂糖 30.0 g と砂 70.0 g の混合物における砂糖の割合（%）」を問われた場合は，この表現はともに3桁ですので，30.0 % と答えます．

また，塩素 Cl の原子量は 35.5 ですが，これを 36 とすると質量や物質量の計算の際にかえって真の値からずれることになります．しばしば使う原子量の値（資料付7 参照）や定数などはそのまま計算し，最終的な解を条件に従って答えます．

なお，本書の章末問題の一部のように，暗算で答えられたり，整数で解が出るような簡単な計算問題では，有効数字を意識せず，出てきたままで答える問題があります．

応用編！
ワンポイント化学講座

スーパーミネラル

体内にその存在が確認されている元素は約 40 種類ありますが，鉄より少量のものを微量元素，そのなかでも生物の生存に必要不可欠な 15〜16 種類を必須微量元素といいます．

亜鉛の場合

体内には 3,000 種類以上もの酵素がありますが，その 70〜80 ％ は亜鉛がないと働くことができません．体内では常に細胞の新陳代謝が行われています．新しい細胞は細胞分裂とタンパク質合成によって作られますが，その際に動員される酵素の多くが亜鉛を必要とします．亜鉛は必須微量元素の 1 つで，血中濃度の正常値は 0.65〜1.10 μg/mL（65〜110 μg/dL）です．

亜鉛欠乏症とは

亜鉛が欠乏したときに出現しやすい症状とそのメカニズムについて簡単に説明します．

① 創傷治癒の遅延（肉芽形成障害）：ケガや褥瘡（俗称は床ずれ）の場合には新陳代謝亢進による肉芽形成が必要ですが，もし亜鉛が不足すると治癒が遅れます．

② 味覚障害：味細胞の寿命は 2 週間前後です．亜鉛が不足すると味細胞の新旧交代が障害されます．

③ 脱毛：毛髪の新旧交代が障害されます．

④ 皮膚病：皮膚コラーゲンの分解障害という意味で，とくに出産後の母乳哺育には注意が必要です．粉ミルクに関しては，法律改正により粉ミルクへの亜鉛や銅の添加が認可されて以後は，大きな問題にならなくなりました．

亜鉛欠乏症を防ぐには

アルコール分解酵素が機能するためにも亜鉛が必要です．多量のアルコールを摂取すると，亜鉛を過剰に消費してしまいます．また，加工食品のなかには，亜鉛の吸収を妨げる化合物が使用されている場合もあります．

亜鉛を豊富に含む食物には，カキ（貝類），ウナギ，カニ，干しエビ，肉類などがあります（図）．

カキ　ウナギ

など

味覚障害

抜け毛

免疫力低下

代謝異常

a.亜鉛を含む食品　　b.亜鉛欠乏の症状など

図　亜鉛はヒトにとって重要な微量元素

 **してみよう！**

ペーパークロマトグラフィーにチャレンジ！

　サインペンの黒色や青色は，複数の色素を混ぜて作られている場合があります．ペーパークロマトグラフィーという方法を使って，色素を分離してみましょう！

準 備
サインペン（水性），エタノール（消毒用アルコール），水，ろ紙（コーヒーフィルター），はさみ，プラスチックコップ，割りばし

　サインペンとしては，水性筆記具「ラッションペン」No.300，もしくは水性筆記具「アクアテックスリム」（黒，赤，青，緑，橙）（ともに寺西化学工業株式会社製）が適しています．

方 法
❶ コーヒーフィルターを長方形（3 cm × 9 cm）に切り抜きます．
❷ この紙の下から 2 cm の位置にサインペンで●印をつけます．
❸ プラスチックコップに水を入れ，割りばしの間に紙をはさんで，下側を水につけましょう．このとき，色のついた部分が水につからないように注意してください．
❹ 静かに置いておくと，水性ペンの色が，だんだんと分かれて上に広がってきます．5 分程度で，割りばしの上部に近づきます．水から引き上げ，乾燥させましょう．
❺ エタノール（消毒用アルコール）でも同様に実験しましょう．

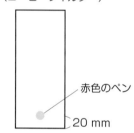

ろ紙（コーヒーフィルター）

赤色のペン

20 mm

サインペンでスポットする

結 果
　展開後のコーヒーフィルターを観察すると，複数の色に分離していることがわかります．水性ペンの色によっては，水で展開した場合とエタノールで展開した場合では，色の並び方が異なる場合があります．この図は赤色のサインペンを使用したものですが，左側は水を溶媒とし，右側はエタノールを溶媒としたものです．

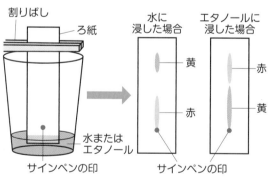

考 察
　なぜ水とエタノールでは模様が異なるのでしょうか．色素の水への溶けやすさ，エタノールへの溶けやすさを中心に考えてみましょう．

第1章 章末問題

① 周期表をもとに，常温・常圧で単体が気体の元素，液体の元素をそれぞれあげなさい．

② 次の①〜③に当てはまるものを，それぞれの解答群のうちから一つずつ選びなさい．
　① 海水中に含まれる金属元素のうち，質量パーセント濃度がナトリウムに次いで大きいもの
　　ア Mg　　イ U　　ウ Al　　エ Fe　　オ Mn
　② 鉛筆の芯を構成する主な元素
　　ア Zn　　イ C　　ウ Fe　　エ Pb
　③ 写真フィルムの感光剤として重要な元素
　　ア Ag　　イ Al　　ウ Cu　　エ Mg

③ 科学史に関する次の記述について正誤を判断し，正しければ○，誤っていれば×を記しなさい．
　① 化学変化を利用して鉱物から取り出される金属のなかでも，アルミニウムは銅よりも早くから利用されてきた．
　② 錬金術の考え方は誤っていたが，錬金術が行われていた時代に物質や物質の変化を取り扱う技術が進歩した．
　③ アボガドロは，元素の周期律にもとづいて，周期表を作成した．

④ p.2の表1-1に示された数値について，有効数字2桁に改め，表を作成しなさい．その際，元素記号だけでなく，元素の名称も調べて記すこと．

⑤ 現行の硬貨がどのような元素・組成でできているか調べてみよう．

⑥ 金属元素1つに注目し，元素記号とその由来，どのような素材に利用されているか，産出量や主要な産出国，興味深いトピックスなどをまとめてみよう．

原子の構造

　物質を細かく分割していくと，最終的にはどうなるのでしょうか？　原子を表すatomの語源は「これ以上分割できない」ことを意味するギリシア語ですが，19世紀後半から20世紀前半にかけて，基本的な粒子である原子にも，さらに微細な構造が存在することがわかってきました．

　本章では，まず，原子の構造について学び，元素の違いはどのような点に現れるのかといった，原子の世界の規則的な側面を学びます．

キーワード　陽子，電子，中性子，原子番号，質量数，電子殻，電子配置，最外殻電子，希ガス

第1節　原子を構成する粒子

原子の存在

　物質を細かく取り分けていくと，最終的にはどうなるのでしょうか．たとえば，水の場合，無限に分割できるのか，それとも，最小の粒子にたどりつくのかについては，古くから論争がありました．

　1803年にイギリスのドルトンは原子説を発表し，物質はそれ以上分割できない微小な原子からなり，その結びつきが変わることでさまざまな物質ができることを提唱しました．多数の実験事実から，今日では原子が実在することが明らかになっています．

　テキストに印刷されているこの点「・」の直径は，原子およそ100万個分に相当します．また，標準的な原子の直径をおよそ2億倍すると，テニスボールの直径となり，原子がきわめて小さいことがわかります．

原子のモデル

　19世紀後半，両端に電極を埋め込み，真空にしたガラス管に高電圧をかけると，陰極から陽極に向かって直進する放射線（陰極線）が現れることがわかりました．

1897年，イギリスのトムソンJ. J. Thomsonはこれが負の電荷をもった電子であることを明らかにしました．

　1911年，イギリスのラザフォードE. Rutherfordは，原子の中心に正の電荷をもった粒子が存在することを実験で証明しました．

　原子の構造を略して表したのが図2-1です．負の電荷をもつ電子は中心にある原子核のまわりを高速でまわっています．したがって，原子を外から見ると，球状に見えます．また，中心の原子核は，正の電荷をもつ陽子と，電荷をもたない中性子からできています．

　標準的な原子の直径（大きさ）は10^{-10} m，原子核の

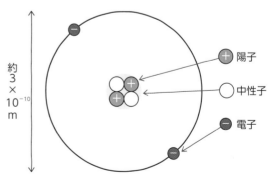

図2-1　原子の構造（ヘリウム原子）

直径は 10^{-15} m です．これは，原子を東京ドームにたとえると，原子核はゴマ程度の大きさとなり，原子のほとんどがすき間でできているということがわかります．

陽子・中性子・電子

それでは，原子を構成する粒子である，陽子，中性子，電子について見ていきましょう．

質量の面では，陽子と中性子はほぼ等しく，電子はそれらの約 $\frac{1}{1840}$ の質量しかありません．電荷の面では，陽子1個と電子1個では大きさが等しく，符号が反対です．また，中性子は電荷をもっていません．

したがって，原子の中心の原子核は，質量の大部分を占めていることになります（表2-1）．

表2-1　**各粒子の電荷，質量と質量比**

粒　子	電　荷	1個の質量 (g)	質量比
陽　子	+1	$1.673×10^{-24}$	1
中性子	0	$1.675×10^{-24}$	1
電　子	−1	$9.109×10^{-28}$	1/1840

原子番号と陽子

では，元素の違いは一体どこに現れるのでしょうか？実は，原子核に含まれる陽子の個数が元素の種類を決めており，これを原子番号といいます．

たとえば，水素 H は，陽子1個をもつので原子番号1，ヘリウム He は陽子2個をもつので原子番号2という感じです．したがって，元素の周期表は，元素を原子番号の順に（＝陽子の個数の順に）ならべたものと考えることができます．

逆に，元素の周期表があれば，さまざまな元素の原子について陽子の数がわかります．たとえば，ヨウ素 I は原子番号が53なのでヨウ素原子は陽子53個をもつこと

が読み取れます．

なお，中性の原子の状態では陽子と電子の個数は同じです．化合物を形成する際に電子のやりとりが行われる場合がありますが，陽子の個数は変わらないので，陽子の個数を原子番号としているのです．

原子の質量数

前述のように，原子の質量は陽子と中性子が大部分を占め，電子の質量はきわめて小さいといえます．したがって，原子の質量は陽子と中性子の質量の和とみなしても差し支えありません．そこで，原子のなかの陽子と中性子の個数の和を質量数といいます．

原子の原子番号と質量数を表す際には，元素記号の左下に原子番号を，左上に質量数を表します．なお，原子番号は省略する場合があります．

図2-2は質量数12の炭素原子を表したものです．この原子は原子核に陽子6個，中性子6個をもち，そのまわりを電子6個が運動しています．

また，質量数35の塩素原子は，原子番号17なので，陽子を17個もっています．質量数は陽子と中性子の個数の和なので，中性子は $35-17=18$ 個存在し，電子は17個あることになります．この原子を図2-2の表記で表すと $^{35}_{17}\text{Cl}$ となります．

一般に，陽子の数が多くなるほど中性子の数も多くなる傾向があります．また，同じ元素の原子でも中性子の数が異なるものもあります．詳しくは，第3章で紹介します．

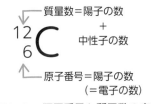

図2-2　**原子番号と質量数の表記**

第2節 原子の電子配置

電子の運動

　もっとも簡単な原子である水素原子 ^{1}H の場合，原子核に陽子1個があり，そのまわりを電子1個がまわっています．その電子の運動のようすを濃淡で表したのが図2-3aであり，色が濃いほど電子の存在する確率が高いことを表しています

　このとき，原子核からの距離を r，電子の存在する確率を q とすると， r と q の間には図2-3bのような関係があります．

a. 水素原子の電子の分布図

電子の存在分布

＋
原子核

ボーア半径

理論上の原子半径（0.05 nm）

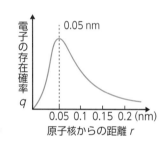

b. 電子の存在確率

0.05 nm

0.05 0.1 0.15 0.2 (nm)
原子核からの距離 r

図2-3　原子核のまわりを動く電子の位置

　つまり，電子はきまった軌道を運動しているわけではありません．電子の運動は確率的にしか表現できませんが，われわれが原子のもつ電子のことを考えるときは，原子核を中心に置き，電子をそのまわりに配置するというモデルで考えることとします．

電子殻とは？

　原子番号が大きくなり，電子の数も多くなると，原子中の電子は，電子殻とよばれるいくつかの層に分かれて存在するようになります（図2-4）．

　電子殻は，原子核に近いものからK殻，L殻，M殻，N殻…となります．

　それぞれの電子殻に収容できる電子の最大数は決まっており，K殻で2個，L殻で8個，M殻で18個…のよ

うに，内側から n 番目の電子殻には最大 $2n^2$ 個の電子が入ります．一般的には，電子は内側の電子殻から入っていきます．

原子の電子配置

　それでは，実際に電子を入れてみましょう．水素原子は電子を1個，ヘリウム原子は電子を2個もっています．ここまでがK殻です．

　続いて原子番号3番のリチウム $_3$Li ですが，リチウム原子は電子を3個もっています．電子は，K殻に2個，L殻に1個入ります．以下，順にベリリウム $_4$Be からネオン $_{10}$Ne まで，L殻を満たしていくことになります．

　原子番号11番のナトリウム $_{11}$Na は，K殻に2個，L殻に8個，M殻に1個入ります．同様にマグネシウム $_{12}$Mg からアルゴン $_{18}$Ar まで，M殻に電子が入っていきます．

　M殻には最大18個の電子が入りますが，9〜18個目の電子は後から入ります．

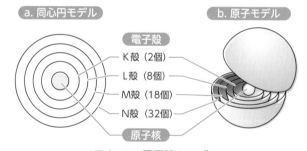

a. 同心円モデル

電子殻

K殻（2個）
L殻（8個）
M殻（18個）
N殻（32個）

原子核

b. 原子モデル

図2-4　電子殻のモデル
カッコ内はそれぞれの殻に入ることのできる電子の最大数を示しています．

　原子番号19のカリウム $_{19}$K はアルゴンの電子配置に続いてN殻に1個，カルシウム $_{20}$Ca は同様にN殻に2個の電子が入ります．

　原子番号20までの元素の原子の電子配置を整理したものが表2-2です．

　また，電子配置を同心円モデルで表したものが表2-3です．この場合は，原子核に陽子の個数を（8＋）のように表し，電子は各電子殻に収容されている個数分を

●で塗りつぶしていきます.

なお, L 殻に 4 個の電子が入るときは（炭素 $_6$C など）電子が互いに離れるようにします. また, たとえばベリリウム $_4$Be の場合, L 殻に入る 2 個の電子は, 対角線上になるようにします.

これら電子のうち, 化学反応に最も関係が深いのは, 最も外側の電子殻に存在する電子（最外殻電子）です. 最外殻電子の個数が 1〜7 個のとき, その電子を **価電子**（かでんし）といいます.

最外殻電子の個数が 2 個のヘリウム $_2$He, 8 個のネオン $_{10}$Ne, アルゴン $_{18}$Ar は価電子の個数は 0 となります.

表2-2　原子ごとの電子殻の電子数

元素名	原子	電子殻			
		K	L	M	N
水素	$_1$H	1			
ヘリウム	$_2$He	2	0		
リチウム	$_3$Li	2	1		
ベリリウム	$_4$Be	2	2		
ホウ素	$_5$B	2	3		
炭素	$_6$C	2	4		
窒素	$_7$N	2	5		
酸素	$_8$O	2	6		
フッ素	$_9$F	2	7		
ネオン	$_{10}$Ne	2	8	0	
ナトリウム	$_{11}$Na	2	8	1	
マグネシウム	$_{12}$Mg	2	8	2	
アルミニウム	$_{13}$Al	2	8	3	
ケイ素	$_{14}$Si	2	8	4	
リン	$_{15}$P	2	8	5	
硫黄	$_{16}$S	2	8	6	
塩素	$_{17}$Cl	2	8	7	
アルゴン	$_{18}$Ar	2	8	8	0
カリウム	$_{19}$K	2	8	8	1
カルシウム	$_{20}$Ca	2	8	8	2

表2-3　原子の電子配置

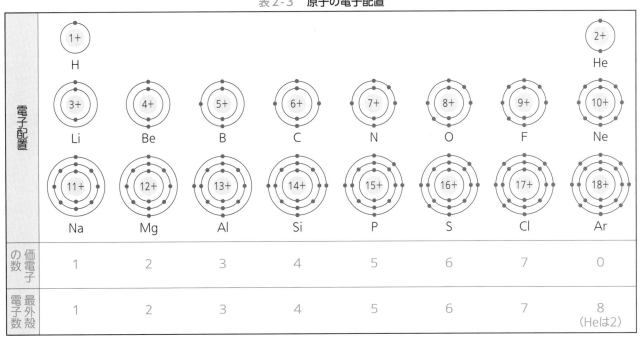

	H							He
電子配置	Li	Be	B	C	N	O	F	Ne
	Na	Mg	Al	Si	P	S	Cl	Ar
価電子の数	1	2	3	4	5	6	7	0
最外殻電子数	1	2	3	4	5	6	7	8（Heは2）

第3節 希ガス

希ガスとは

最外殻電子の個数が2個のヘリウム $_2$He，8個のネオン $_{10}$Ne，アルゴン $_{18}$Ar はその電子殻が電子で満たされています．この状態を閉殻といい，非常に安定な電子配置です（表2-4）．そのため，希ガスはほかの原子と結合せず，原子の状態で存在しています．希ガスのことを単原子分子ともいいます．

一方，水素分子 H_2，酸素分子 O_2 などは2種類の原子の組み合わせでできており，二原子分子といいます．もっと多くの原子からなる分子は多原子分子と総称されます．

希ガスは空気中に微量含まれ，いずれも無色無臭の気体で存在します．

表2-4　希ガスの電子配置

元素名	原子	電子殻					沸点（℃）
		K	L	M	N	O	
ヘリウム	$_2$He	2					−269
ネオン	$_{10}$Ne	2	8				−246
アルゴン	$_{18}$Ar	2	8	8			−186
クリプトン	$_{36}$Kr	2	8	18	8		−152
キセノン	$_{54}$Xe	2	8	18	18	8	−108

希ガスの用途

ヘリウムは空気より軽いため風船に詰めるガスとして使われるほか，沸点もきわめて低いので，MRI などの超電導磁石の冷却に使われています．また，ヘリウム80％，酸素20％のガスを吸うと声が高くなるので，玩具として市販されています（図2-5）．ネオンやアルゴンは，ネオンサインという言葉のように，放電管に充填するガスとして使われています．

ヘリウムは空気より軽い　ヘリウムを吸うと高い声が出る
図2-5　風船と声変わりスプレー

STEP UP 放射性炭素年代測定法

自然界では炭素原子は，安定な炭素 ^{12}C，および ^{13}C の形で存在し，その存在比は，それぞれ 98.9％ と1.10％ です．また，このほかに大気中の二酸化炭素中には極微量の ^{14}C（炭素14）が含まれています．

生物は生きている限り，呼吸や食物をとることによって，大気中と同じ存在比で ^{14}C を取り込んでいますが，死滅すると外界からの ^{14}C の取り込みがなくなります．^{14}C は，炭素の放射性同位体であり，放射線を出しながら一定の速度で安定な ^{14}N へと崩壊（β崩壊）していきます．

$$^{14}C \longrightarrow {}^{14}N + e^-$$

炭素14の半減期は5730年で，5730年ごとに原子の数が半分になります．その特徴を利用して，食物などに含まれている炭素14を調べることによって，いつの年代に植物が刈られたのかなどを知ることができるのです（図）．

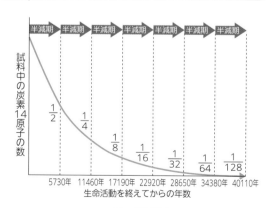

図　半減期

第2章 章末問題

① 周期表をもとに，原子番号 20 番までの元素の元素記号と名称をそれぞれあげなさい．

② 原子番号 20 番までの元素について，その電子配置を
右図のような同心円モデルで表しなさい．

(例) Na の場合

③ 次の文章の空欄に適当な語句を入れなさい．

19 世紀初期にイギリスの（　ア　）は，物質はすべてそれ以上分割することができない最小の粒子からなると考え，これらの粒子を原子と名づけた．原子は原子核と電子から成り立ち，このうち原子核は正電荷をもつ（　イ　）と電荷をもたない（　ウ　）からできている．

（　イ　）と（　ウ　）の質量はほぼ等しいが，電子の質量は（　イ　）の質量のほぼ（　エ　）分の 1 にすぎない．（　イ　）と電子はそれぞれ正と負の電気を帯びている．原子中の（　イ　）の数を（　オ　）といい，（　イ　）と（　ウ　）の数の和を（　カ　）という．

一方，電子は電子殻と呼ばれるいくつかの層に分かれて存在する．電子殻は，原子核に近い方から順に K 殻，L 殻，M 殻…といい，このうち M 殻には最大で（　キ　）個の電子を収容できる．最大数の電子が収容された電子殻を（　ク　）という．

④ 原子の電子配置に関する次の記述について正誤を判断し，正しければ○，誤っていれば×を記しなさい．

① 窒素原子の最外殻電子の数は 3 である．
② リチウム原子の価電子の数は 1 である．
③ ケイ素原子の M 殻に存在する電子の数は 4 である．
④ 内側から n 番目の電子殻は，最大で $2n$ 個の電子を収容することができる．
⑤ ヘリウムとネオンはともに希ガスなので，最外殻電子の数はともに同じである．
⑥ ^{1}H 原子と ^{35}Cl 原子の質量の比は，厳密に 1：35 である．
⑦ 水素原子の大きさは，陽子の大きさと等しい．

⑤ 原子核中の陽子の数と中性子の数が等しい原子を，次のうちから一つ選びなさい．

ア $^1_1$H　　イ $^{12}_6$C　　ウ $^{23}_{11}$Na　　エ $^{27}_{13}$Al　　オ $^{40}_{18}$Ar

⑥ 次の文章を読み，問いに答えなさい．

ある地層から木片が出土した．この木片に含まれる炭素の ^{14}C の存在比は，現在の 8 分の 1 であった．この木は，およそ何年前まで生存していたと推定されるか．ただし，現在から過去の間，大気中の ^{14}C の存在比は一定であり，^{14}C の崩壊は，β 崩壊のみとする．また，この崩壊過程の半減期は，5730 年であるとする．

第3章

化学結合

　化学の世界で扱う物質を大きく分類すると，イオンでできたもの，分子でできたもの，金属の3つに分けられます．これらの物質を表す際，しばしば化学式を利用します．

　どのような仕組みで原子が結びついているか，また，どのような化学結合を含むかは，いくつかのルールがあります．本章では第2章で学んだ原子の構造をもとに，化合物のできる仕組みを考えてみましょう．

キーワード イオン結合，閉殻，共有結合，電子式，構造式，不対電子，共有電子対，
共有結合の結晶，金属結合，自由電子

第1節 イオン結合

イオンとは

　塩化ナトリウム水溶液に電圧をかけると，電流が流れます．これは，塩化ナトリウムの水溶液中には，電荷をもった粒子があり，それらが自由に動けるからです．正の電荷をもった粒子を陽イオン，負の電荷をもったイオンを陰イオンといいます．

　では，イオンはどのようにしてできるのでしょうか？原子の構造を思い出してみましょう．中心の原子核には陽子と中性子があり，そのまわりを電子が回っています．中心の陽子の数は変わらないので（陽子の数が変わると元素が変わってしまいます），電子の数が変わることになります．

　電子を奪われると正の電荷をもった陽イオンに，電子を受け取ると負の電荷をもった陰イオンになるというわけです．

塩化ナトリウムの場合

　一般に，イオンの電子配置は，その元素と原子番号が近い希ガスの電子配置になろうとします（図3-1）.

　ナトリウムは原子番号11で，K殻に2個，L殻に8個，M殻に1個の電子をもっています．M殻の電子1個を奪われると，最外殻であるL殻の電子が8個となり（この状態を閉殻という），安定なネオンと同じ電子配置になります．これがナトリウムイオンNa⁺の電子配置です．

　一方，塩素は原子番号17で，K殻に2個，L殻に8個，M殻に7個の電子をもっています．M殻に電子1個が入ると，最外殻であるM殻が閉殻となり，安定な

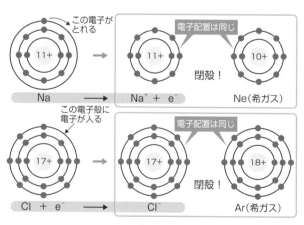

図3-1　Na^+，Cl^-の成り立ち

アルゴンと同じ電子配置になります．これが塩化物イオン Cl^- の電子配置です．

また，イオンのもつ電荷を価数といいます．塩化ナトリウムは，1価の陽イオンであるナトリウムイオン Na^+ と1価の陰イオンである塩化物イオン Cl^- からできていることがわかります．

塩化ナトリウムの結晶は図3-2のように，陽イオンと陰イオンが交互に並んだ構造をとっています．一般に，イオンからできている結晶を**イオン結晶**，陽イオンと陰イオンが静電気的な引力で引きつけ合って結びつく化学結合を**イオン結合**といいます．

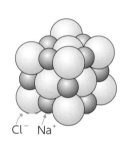 

Cl^-　Na^+

図3-2　塩化ナトリウムの結晶

代表的なイオン

それでは，周期表を見ながらほかのイオンを考えてみましょう．アルミニウム原子は最外殻電子が3個なので，電子を3個奪われた Al^{3+} の形になれば閉殻となり安定です．また，硫黄原子は最外殻電子が6個なので，電子を2個受け取った S^{2-} の形になれば安定です．

このように，閉殻にするには電子のやり取りが必要で，その個数は周期表の位置に関係が深いことがわかります（アルミニウムは左から3番目，硫黄は右から2番目）．

表3-1は，代表的なイオンです．1個の原子からできた**単原子イオン**のほか，複数の原子からなる**多原子イオン**も存在します．

表3-1　代表的なイオン

価	陽イオン	イオン式	陰イオン	イオン式
1価	水素イオン	H^+	フッ化物イオン	F^-
	ナトリウムイオン	Na^+	塩化物イオン	Cl^-
	カリウムイオン	K^+	水酸化物イオン	OH^-
	銀イオン	Ag^+	硝酸イオン	NO_3^-
	アンモニウムイオン	NH_4^+	炭酸水素イオン	HCO_3^-
			酢酸イオン	CH_3COO^-
2価	カルシウムイオン	Ca^{2+}	酸化物イオン	O^{2-}
	鉄(Ⅱ)イオン	Fe^{2+}	硫化物イオン	S^{2-}
	銅(Ⅱ)イオン	Cu^{2+}	硫酸イオン	SO_4^{2-}
	マグネシウムイオン	Mg^{2+}	炭酸イオン	CO_3^{2-}
3価	アルミニウムイオン	Al^{3+}	リン酸イオン	PO_4^{3-}
	鉄(Ⅲ)イオン	Fe^{3+}		

イオンからなる物質

イオン結合でできている物質は，イオンの種類と数の比を表した**組成式**で表現されます．イオン結晶は，全体として電気的に中性です．つまり，正の電荷と負の電荷の総量は等しいのです．したがって，組成式では次の関係が成立します．

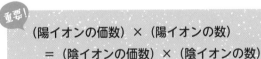

重要!

（陽イオンの価数）×（陽イオンの数）
＝（陰イオンの価数）×（陰イオンの数）

たとえば，アルミニウムイオン Al^{3+} と塩化物イオン Cl^- からなるイオン結晶では，Al^{3+} の1個に対して Cl^- が3個でつりあいます．したがって，その化合物の組成式は $AlCl_3$，名称は塩化アルミニウムです．**組成式を書くときには陽イオン，陰イオンの順に記し，イオンの数を元素記号の右下に記します．** なお，1個のときの1は省略します．

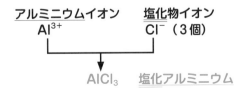

アルミニウムイオン　　塩化物イオン
Al^{3+}　　　　　　　　Cl^-（3個）

$AlCl_3$　　塩化アルミニウム

化合物の名前は陰イオン，陽イオンの順に読み，「物」は省略します．

　また，カルシウムイオン Ca^{2+} と硝酸イオン NO_3^- からなるイオン結晶では，Ca^{2+} の1個に対して NO_3^- が2個でつりあいます．

イオン結晶の性質

　イオン結晶はイオン同士が強く結びついているので，硬くもろい性質があります．たとえば，岩塩などは金づちで砕くことができます．

　イオン結晶の多くは水に溶けて電気を通すようになります．この現象を電離といい，このような物質を総称して電解質といいます．また，固体の状態では電気を通しませんが，高温にして融解させても電気を通すようになります．

第2節 共有結合

共有結合とは

　イオン結合は，原子がもっていた余分な電子をやりとりしてできた陽イオン，陰イオンによる結合です．一方，共有結合では，原子同士が互いに1個の電子を出し合い，計2個の電子をキャッチボールのように共有し合うことで結びついています．

水素分子の場合

　水素原子は電子1個をもっていますが，K殻は電子が2個入るため，電子があと1個不足しています．そこで，同じ状況にあるもう1個の水素原子を近づけると，互いに相手の電子を受け入れようとします．その結果，水素原子2個から水素分子1個が生成し，2個の電子は2つの原子の間を行き来できるようになります．このとき，電子を共有することにより，ヘリウムと同じような電子配置をとることになります（図3-3）．

　このようにして生じる電子のやり取りのことを共有結合といい，一般に分子とは，いくつかの原子が共有結合で結びついたものを指します（図3-4）．

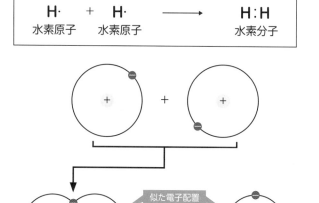

図3-3　水素分子の成り立ち

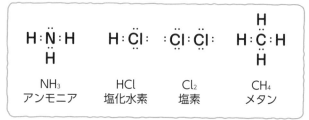

図3-4　共有結合する簡単な分子の例

電子式（ルイス構造）

共有結合するほかの化合物について考えてみましょう．水素原子以外の原子は複数の電子をもっています．そのため，反応に関係する最外殻電子のみを表す，電子式というものがあります（表3-2）．

価電子を点で表して分子の電子配置を表す方法は1916年にルイス Lewis が提案したもので，ルイス構造といいます．日本の高校の教科書では電子式となっています．ルイス構造を利用すると，分子中の電子の分布について推測することができます．

表3-2　原子の電子式（ルイス構造）

1	2	3	4	5	6	7	8
·H							··He··
Li	·Be·	·B·	·C·	·N·	·O·	·F·	··Ne··
Na	·Mg·	·Al·	·Si·	·P·	·S·	·Cl·	··Ar··

Heの最外殻電子の数は2個.

簡単な分子の電子式

表3-2を利用すると，ほかの化合物の電子式を記すことができます．たとえば，フッ素と水素の化合物を考えましょう．フッ素原子は最外殻には7個の電子があり，あと1個電子があれば，閉殻となります．そこで，水素原子と共有結合することで，次のように，水素原子，フッ素原子とも閉殻となります．

$$H· + ·\ddot{\underset{··}{F}}: \longrightarrow H:\ddot{\underset{··}{F}}:$$

分子を構成する元素の元素記号と原子数を表したものを分子式といい，この化合物の分子式は HF，名称はフッ化水素といいます．

また，酸素と水素の化合物であれば，次のようになります．これは水分子ですね．

$$H· + ·\ddot{\underset{··}{O}} + ·H \longrightarrow H:\ddot{\underset{··}{O}}:H$$

そのほかの代表的な分子の電子式は前出の図3-4を見てください．

なお，水分子は図3-5のようにどちらの表現でもかまいません．

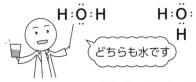

どちらも水です

図3-5　電子式の書き方の例

電子対

原子の電子式を見ると，電子が2つペアになっているものと，電子が1つしか入っていないものがあるのがわかります．電子が2つペアになって入っているものを非共有電子対といい，共有結合にはかかわりません．一方，電子が1つしかないものは，ほかの原子との共有結合にかかわる傾向があり，この電子を不対電子（ペアになっていない電子のこと）といいます（図3-6）．

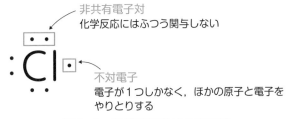

非共有電子対
化学反応にはふつう関与しない

不対電子
電子が1つしかなく，ほかの原子と電子をやりとりする

図3-6　非共有電子対と不対電子

原子がほかの原子と共有結合すると，不対電子はなくなります．こうして，ほかの原子との間でやりとりされている電子2個をまとめて，共有電子対といい，電子式では2つの原子の間にはさまれている電子がそうです（図3-7）．

ともに不対電子

共有電子対
2原子間で共有される電子のペアのこと

図3-7　不対電子と共有電子対

構造式

これら電子式を簡略化したものに，**構造式**があります．構造式は，共有電子対の２個の電子を１本の線で表したものです（図3-8）．この線のことを**価標**（結合の手）といいます．

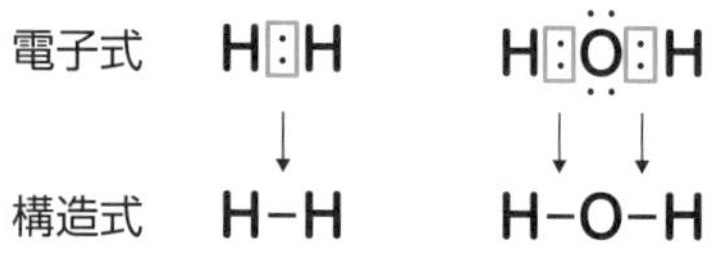
電子式
H:H
H:Ö:H
構造式
H−H
H−O−H

図3-8　単結合の電子式と構造式

２個の原子が電子を１つずつ出し合ったこの結合を**単結合**といいます．図3-4の電子式を構造式で表すと図3-9のようになります．

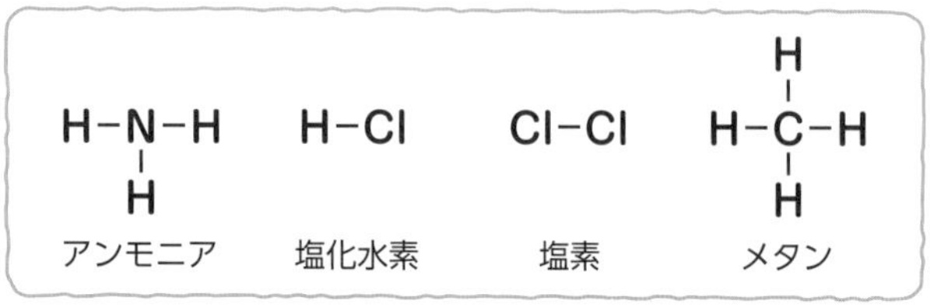
H−N−H
H
アンモニア
H−Cl
塩化水素
Cl−Cl
塩素
H
H−C−H
H
メタン

図3-9　単結合でできている物質の構造式の例

二重結合

これまでは単結合のみを扱ってきましたが，二重結合というものもあります．たとえば，酸素原子の場合，電子式で見ると不対電子は２個あるので，あと２個の電子を受け入れることができます．そこで，もう１個の酸素原子を近づけると，互いに相手の電子を受け入れようとします．こうしてできたのが酸素分子 O_2 です．

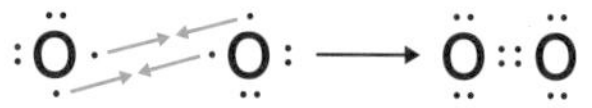

そのほか，二重結合をもつ代表的な化合物に二酸化炭素があります．

続いて，これら化合物を構造式で記してみましょう．構造式では共有電子対（２個の原子の間に挟まれた電子対：）１対を１本の線（価標）で記すので，二重結合では２本の線になります．したがって，酸素，二酸化炭素の構造式は以下のようになります（図3-10）．

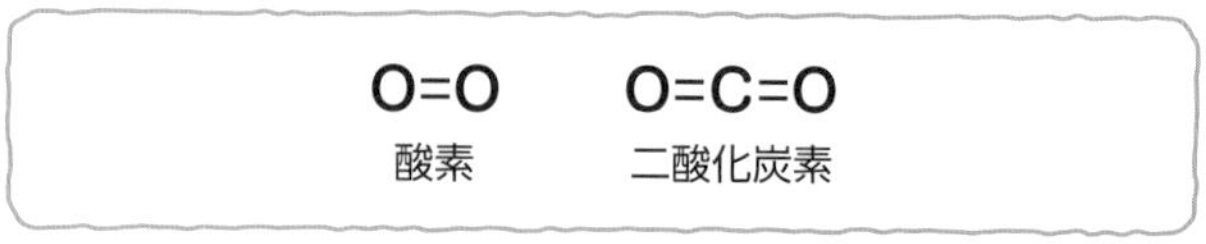
O=O
酸素
O=C=O
二酸化炭素

図3-10　二重結合でできている物質の構造式の例

また，エチレン C_2H_4 は二重結合をもつ化合物です．水素原子は電子を１つしかもたないので，２つの炭素原子の間がC=C二重結合になっています．エチレンの電子式と構造式は次のようになります（図3-11）．

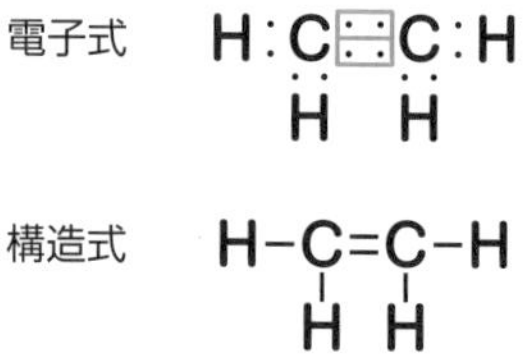
電子式
構造式
H−C=C−H
H H

図3-11　二重結合の電子式と構造式

三重結合

単結合，二重結合のほかに，三重結合があります．たとえば，窒素分子 N_2 の場合，不対電子は３個あるので，酸素のときと同様に相手の電子を受け入れようとします．

窒素分子の構造式は N≡N になります．

三重結合をもつそのほかの化合物としては，シアン化水素 HCN やアセチレン C_2H_2 があります．それぞれの電子式と構造式を確認しましょう（図3-12）．

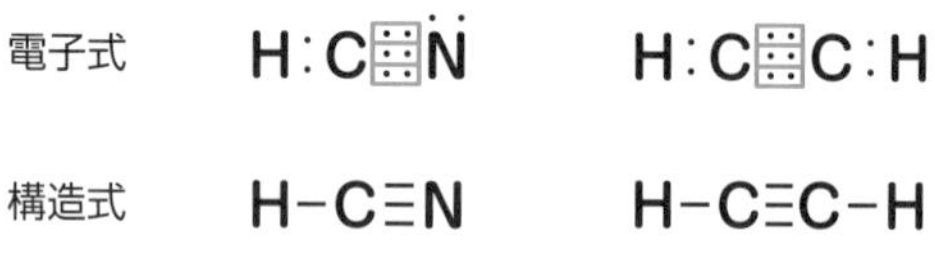
電子式
構造式
H−C≡N
H−C≡C−H

図3-12　三重結合の電子式と構造式

なお，原子から出ている価標（結合の手）の数は不対電子の数と同じです．つまり，表3-3のモデルで手が余らないようにすればよいのです．

表3-3　価標（結合の手）

水素	塩素	酸素	硫黄	窒素	炭素
H	Cl	O	S	N	C

これまで学んできたイオン式，示性式，分子式，電子式，構造式などを総称して化学式といいます．

分子の立体構造

電子式や構造式を記すことで，原子同士がどのように結合しているかがわかります．しかし，実際の分子は立体的な構造をもっています．代表的な分子の立体構造については知っておきましょう（表3-4）．

分子でできた化合物を冷却すると，分子間の引力によって固体へと変化します．このような結晶を分子結晶といいます．分子結晶は軟らかく融点が低いものが多いです．たとえば，氷やドライアイス（二酸化炭素の固体），氷砂糖も分子結晶です．

表3-4　分子の立体構造

名称と分子式	構造式	分子の形	結合角
水 素 H_2	H–H		直線形
水 H_2O	H–O–H		折れ線形 104.5°
アンモニア NH_3	H–N–H （下にH）		三角錐形 106.7°
メタン CH_4	H–C–H（上下にH）		正四面体形 109.5°
二酸化炭素 CO_2	O=C=O		直線形
窒 素 N_2	N≡N		直線形

共有結合の結晶

非常に多くの原子が共有結合でつながり，規則正しく配列した巨大な分子をつくることがあります．このような結晶を共有結合の結晶といいます．

その代表的なものには，炭素の同素体であるダイヤモンドと黒鉛があげられます（図3-13）．

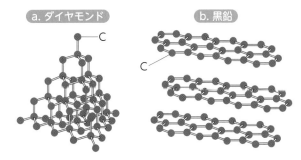

a. ダイヤモンド　b. 黒鉛

図3-13　ダイヤモンドと黒鉛

炭素原子は4個の価電子をもっているので，1個の炭素原子当たり4個の炭素原子と結合した構造をとります．これがダイヤモンドで，非常に硬く電子を通しません．

一方，黒鉛では，炭素原子の4個の価電子のうち3個が隣接する炭素原子との結合に使われ平面構造をつくります．もう1個の電子は平面全体に共有されます．黒鉛は面にそって割れやすく，電気を通す性質があります．

そのほかの共有結合の結晶としては，二酸化ケイ素 SiO_2 が知られています（図3-14）．二酸化ケイ素は自然界では石英として存在し，その透明な結晶である水晶は，装飾品に利用されています．

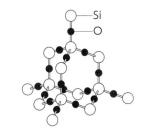

図3-14　二酸化ケイ素の構造

第 3 節　金属結合

金属結合とは

　鉄や金などの金属は，同じ原子がたくさん集合して固体をつくっています．固体中では，原子が規則正しく配列しているので，金属の固体のことを金属結晶といいます．金属結晶を構成する金属原子では，イオン結合や共有結合とは異なった形で原子同士が結びついています．

　金属原子が集合すると，それぞれの原子の最外殻にある価電子は隣の原子に移動することができます．その結果，この電子は金属結晶のなかを自由に動き回り，きまった原子に属することなく，結晶全体で共有されます．このような電子を自由電子といい，自由電子によって金属原子同士が結びつくことを金属結合といいます（図3-15）．

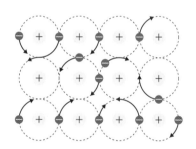

図3-15　金属結合における自由電子の運動

金属結晶の性質

　金属結晶は，いずれも特有の金属光沢を有し，たたくと薄く延ばせる（展性）ほか，針金のように伸ばすことができます（延性）．また，金属は電気をよく導きます．これは，電位差が生まれると自由電子が一定の方向に運動しやすいからです．そのほか，熱伝導性が大きいこともあげられます．

　金属は分子が存在しないため，化学式で表すときは，鉄 Fe，金 Au など，組成式を用います．

　金属は一般的には室温で固体ですが，水銀 Hg は室温では液体です．水銀の熱膨張を利用したのが水銀式体温計です．日常生活で利用される典型的な金属の元素記号は覚えておきましょう．

　なお，食塩の主成分は「塩化ナトリウム」ですが，このときナトリウムはナトリウムイオン Na^+ として存在しており，金属としての性質を有しているわけではないので注意しましょう．

結晶格子

　金属の結晶では金属原子が規則正しく配列しています．代表的な配列に図3-16のようなものがあります．図3-16の下側には黒丸で1層目の配列が示されています．1層目の原子4個（あるいは3個）で作られたくぼみに，色丸で記した2層目の原子がしきつめられます．3層目，4層目…と同様にしてくり返されてしきつめられてゆきます．

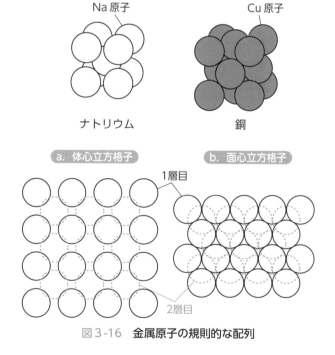

図3-16　金属原子の規則的な配列

第3章 章末問題

① 次の物質について，名称で記されているものは化学式を，化学式で記されているものは名称を答えなさい．

a. 塩化カルシウム b. 硝酸マグネシウム c. 硫酸ナトリウム d. 炭酸カルシウム
e. 硝酸銀 f. 塩化鉄（Ⅲ） g. 酢酸ナトリウム h. リン酸ナトリウム
i. 酸化銅（Ⅱ） j. 硫酸アンモニウム k. $Cu(OH)_2$ l. CaF_2
m. $FeSO_4$ n. $Ca_3(PO_4)_2$ o. NH_4Cl p. FeS

② 次の物質の構造式および電子式を記しなさい．

a. 塩素 Cl_2 b. 塩化水素 HCl c. 四塩化炭素 CCl_4
d. 硫化水素 H_2S e. 酸素 O_2 f. 窒素 N_2
g. 過酸化水素 H_2O_2 h. メタノール CH_3OH i. ホルムアルデヒド $HCHO$
j. プロピレン C_3H_6（二重結合をもつ） k. プロピン C_3H_4（三重結合をもつ）

③ 化学結合に関する次の記述について正誤を判断し，正しければ○，誤っていれば×を記しなさい．

① フッ化カリウム KF は融解したり，水に溶解したりすると，電気伝導性を生じる．
② 黒鉛は電気を導くので，電気分解の際の電極に使われることがある．
③ 金属ナトリウムでは，ナトリウム原子の価電子は，金属全体を自由に動くことができない．
④ イオン結晶に含まれる陽イオンの数と陰イオンの数は，必ず等しい．
⑤ ナトリウムイオンは，ネオン原子と同じ電子配置をもつので，室温ではネオン同様に気体である．
⑥ 炭素とケイ素は周期表では同じ族にある．したがって，二酸化炭素と二酸化ケイ素はともに直線形の分子である．

④ 次の①～③に当てはまるものを，それぞれの解答群のうちから一つずつ選びなさい．

① 共有結合をもたない物質
　ア 酸化カルシウム　イ ケイ素　ウ 塩素　エ 二酸化炭素　オ アセチレン
② 分子，原子またはイオンの 1 個に含まれる電子の個数が最も多いもの
　ア CO　イ Cl^-　ウ O_2　エ Ne
③ 立体構造が正四面体である分子
　ア アンモニア　イ 二酸化炭素　ウ 塩素　エ メタン　オ 黒鉛

⑤ 次の文章の空欄に適当な語句を入れなさい．

　ダイヤモンドは（　ア　）の結晶であり，非常に硬く，融点が高い．ダイヤモンドと黒鉛はともに炭素の（　イ　）である．

　二酸化炭素の固体を（　ウ　）といい，保冷剤として使われる．（　ウ　）は（　エ　）結晶に分類される．固体のヨウ素も（　エ　）結晶に分類される．両者とも室温では固体から液体を経ずに気体になる．この現象を（　オ　）という．

　金属銅が電気をよく導くのは，（　カ　）が存在し，金属内部を動くことができるからである．この銅を空気中で加熱して酸化すると化学式で（　キ　）という物質になる．この物質は（　ク　）結晶に分類される．

第4章

原子量と物質量

　1803年，イギリスのドルトンによって原子説が発表されて以降，実験によって原子の質量の比（原子量）を求めることが盛んに行われ，理論化学の発展に大きな進歩をもたらしました.

　日常扱っている物質はきわめて多数の粒子でできていますが，物質量（mol）という単位を通じて，質量（g）と粒子の数を関連づけることができます. 本章では，原子量の扱い方について学びます.

> **キーワード**　原子量，同位体，相対質量，分子量，式量，物質量（mol），アボガドロ定数，
> アボガドロの法則，（気体の）標準状態

第 1 節　原子量

同位体とは

　第2章では原子の構造を学びました. 原子の中心には原子核が存在し，そのまわりを電子が回っています. 原子核は陽子と中性子からなり，原子のもつ陽子の数が元素の性質を決めるため，原子番号と呼ばれます. ところで，同じ原子番号の原子でも中性子の数が異なるものがあり，それらを互いに同位体（アイソトープ）といいます.

　たとえば水素原子の場合，質量数が1の ^{1}H が 99.99 %，質量数2の ^{2}H が 0.01 %天然に存在します（図4-1）.

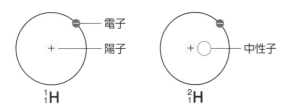

図4-1　水素原子の同位体

　また，炭素原子の場合，質量数が 12, 13, 14 のものが知られています（表4-1）. 質量数14の炭素原子（炭素14）については興味深い性質があります. 詳しくは，p.14の**STEP UP**「放射性炭素年代測定法」を参照のこと.

表4-1　炭素原子の同位体と構成する粒子

	^{12}C	^{13}C	^{14}C
陽　子	6	6	6
中性子	6	7	8
電　子	6	6	6
存在比(%)	98.9	1.1	微量

　同位体同士は中性子の数が異なるだけで，化学的性質はほとんど同じです. それは，**化学的性質はおもに原子の最外殻電子の数によって決まる**からです.

　主要元素の同位体とその存在比は巻末の付録にまとめました. 練習のために，それぞれの原子が何個の中性子をもつのか考えてみましょう. 同位体が存在せず，1種類の原子からなる元素は約15種類で，全体からみると少ないといえます.

原子の相対質量

　原子の質量はきわめて小さいため，実際の質量で比較や計算を行うのは難しくなってしまいます. そこで，質量数12の炭素原子 ^{12}C の質量を12と定め，これを基準とした相対的な値で比較します. これを相対質量といい

ます．現在では，原子の質量を実験によって求めることができるので，同位体ごとに相対質量を決めることができます．表4-2 のとおり，相対質量は質量数にきわめて近い値になります．

表4-2　原子の相対質量

元素名	同位体	相対質量	存在比(%)	原子量
水　素	^{1}H	1.0078	99.9885	1.008
	^{2}H	2.0141	0.0115	
炭　素	^{12}C	12(基準)	98.93	12.01
	^{13}C	13.003	1.07	
窒　素	^{14}N	14.003	99.632	14.01
	^{15}N	15.000	0.368	
ナトリウム	^{23}Na	22.990	100	22.99
塩　素	^{35}Cl	34.969	75.76	35.45
	^{37}Cl	36.966	24.24	

原子量とは

多くの元素には同位体が存在しています．原子量は同位体の相対質量とその存在比に基づいて平均した値から決められています（図4-2）．

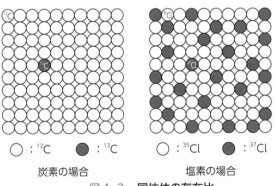

○：^{12}C　　●：^{13}C　　　　○：^{35}Cl　　●：^{37}Cl

炭素の場合　　　　　　　塩素の場合

図4-2　同位体の存在比

たとえば炭素原子をたくさんつかみ取ったと仮定すると，そのうちの 98.90% が ^{12}C で，残りの 1.10% が ^{13}C となります．したがって，炭素の原子量は，次式で求められます．

$$12 \times \frac{98.93}{100} + 13.003 \times \frac{1.07}{100} = 12.01$$

原子量の値は，このように原子1個当たりの相対質量の平均を求めた値とみなすことができます．

同様に，塩素の原子量は，次式で求められます．

$$34.969 \times \frac{75.76}{100} + 36.966 \times \frac{24.24}{100} = 35.45$$

第2節では原子量を使った計算を行いますが，通常の計算には，原子量の概数値を用います（表4-3）．なお，原子量に単位はありません．

表4-3　原子量の概数値

元素記号	原子量	元素記号	原子量
$_1$H	1.0	$_{13}$Al	27
$_2$He	4.0	$_{16}$S	32
$_6$C	12	$_{17}$Cl	35.5
$_7$N	14	$_{18}$Ar	40
$_8$O	16	$_{20}$Ca	40
$_{10}$Ne	20	$_{26}$Fe	56
$_{11}$Na	23	$_{29}$Cu	64
$_{12}$Mg	24	$_{47}$Ag	108

たいていの元素は，同位体の存在が一方に偏っているので原子量の概数値は整数値とみなせますが，塩素の場合は，2つの同位体がどちらもある程度存在するので，概数も整数値ではありません．元素の周期表に記されている原子量は，このようにして算出したものなのです．

ちなみに，水分子には，質量数1の水素原子でできた通常の水 ^{1}H$_2$O のほかに，質量数2の水素原子でできた ^{2}H$_2$O が存在します．両者を区別するために，普通の水を軽水，重い水を重水と呼びます．両者は見た目や化学的な反応性は同じですが，沸点や密度などではわずかに差があります（表4-4）．

表4-4　軽水と重水の比較

	通常の水 ^{1}H$_2$O	重水 ^{2}H$_2$O
質量数	18	20
存在比(%)	99.99	0.01
密度(g/cm^3)	1.0 (20℃)	1.1 (20℃)
融点(1.013×10^5 Pa)	0℃	3.8℃
沸点(1.013×10^5 Pa)	100℃	101.4℃

第2節 分子量と式量

分子量とは

周期表や表4-3のような原子量の値を使うと，^{12}C の質量を12とした場合の，分子の相対的な質量を求めることができます．これを分子量といいます．

たとえば，水分子 H_2O や酸素分子 O_2 は，次式で求められます．

$$1.0 \times 2 + 16 = 18 \ (H_2O \ \text{の分子量})$$

$$16 \times 2 = 32 \ (O_2 \ \text{の分子量})$$

ほかの分子でも同様に計算することができるので確認してみましょう（表4-5）．

表4-5 主要な分子の分子式と分子量

名　称	分子式	分子量
水　素	H_2	2.0
メタン	CH_4	16
アンモニア	NH_3	17
酸　素	O_2	32
硫化水素	H_2S	34
塩化水素	HCl	36.5
二酸化炭素	CO_2	44

式量とは

塩化ナトリウムのようなイオン結晶は，陽イオンと陰イオンが交互に並んだ構造をとっており，水 H_2O などのように，分子があるわけではありません．そのため，イオンの種類と数の比を表した組成式で表現されます（図4-3）．

水 H_2O

塩化ナトリウム $NaCl$

図4-3 単一の分子からなる化合物と組成式で表される化合物

イオン結晶では，組成式に含まれる元素の原子量の総和を式量といい，分子量と同様に求めることができます．代表的なイオン結晶である塩化ナトリウム $NaCl$ や硝酸マグネシウム $Mg(NO_3)_2$ の式量は，次式のように求められます．

$$23 + 35.5 = 58.5 \ (NaCl \ \text{の式量})$$

$$24 + (14 + 16 \times 3) \times 2$$
$$= 148 \ (Mg(NO_3)_2 \ \text{の式量})$$

また，イオンの式量を求めることもできます．イオンの場合は電子のやりとりが行われていますが，電子は陽子や中性子と比べてきわめて質量が小さいので，その質量を無視し，原子量の総和を式量とします．

たとえば，アルミニウムイオン Al^{3+} の式量は27で，水酸化物イオン OH^- の式量は17です．

イオン結晶のほか，金属結晶，共有結合の結晶など，組成式から求められる値は式量と呼ばれます．こちらも前ページの原子量表をもとに計算することができるので，実際に求めてみて下さい（表4-6）．

表4-6 主要なイオン結晶や金属の組成式と式量

名　称	化学式	式　量
塩化ナトリウム	$NaCl$	58.5
硫酸ナトリウム	Na_2SO_4	142
水酸化アルミニウム	$Al(OH)_3$	78
酸化銅(Ⅱ)	CuO	80
硝酸カリウム	KNO_3	101
炭酸カルシウム	$CaCO_3$	100
硫酸イオン	SO_4^{2-}	96
塩化物イオン	Cl^-	35.5
マグネシウムイオン	Mg^{2+}	24
アンモニウムイオン	NH_4^+	18
鉄	Fe	56
アルミニウム	Al	27
ナトリウム	Na	23

第3節 物質量

原子量の値を使うと, 原子や分子の相対的な質量を求めることができることを第2節で学びました. 原子自身の質量はたいへん小さいので, 日常生活でよく使われる質量の単位である g（グラム）で考えるときには, きわめてたくさんの粒子を扱うことになり, 値が非常に大きくなってしまいます.

そのため, 一定数の粒子の集団を表す単位があれば, g（グラム）と関連させて計算することができて便利です.

そこで, 物質量という単位が作られました. 質量数12の炭素原子 ^{12}C を基準とし, この原子12 g に含まれる原子の数 6.02×10^{23} 個を1モル（mol）として決められました. 計算式は, 次のようになります.

重要！

$$1\,mol\,中の粒子数 = \frac{12\,(g)}{^{12}C\,原子1個の質量\,(g)}$$
$$= \frac{12}{1.993 \times 10^{-23}} = 6.02 \times 10^{23}$$

1 mol 当たりの粒子の数をアボガドロ定数といい, N_A で表します.

重要！

アボガドロ定数

$$N_A = 6.02 \times 10^{23}\,mol^{-1}\,(= 1\,mol\,中の粒子数)$$

これは12個をまとめて1ダースとして数える鉛筆やビールビンなどと同じ考え方です. 以前は, ^{12}C ではなく, ^{1}H, ^{16}O を相対質量の基準とする時代もありました.

物質量の計算

それでは, 実際に物質量（mol）を使った考え方に慣

れていきましょう. たとえば, 金属の鉄は鉄原子が集まってできた金属結晶です. 鉄 Fe の原子量は56なので, 鉄56 g が1 mol に相当し, これを構成している原子の個数は 6.02×10^{23} 個です.

また, 水 H_2O の分子量は18なので, 水18 g が1 mol に相当し, これを構成している水分子の個数は 6.02×10^{23} 個となります.

同様に, 塩化ナトリウム NaCl では58.5 g が1 molに相当します（図4-4）.

1 mol 当たりの質量をモル質量（単位は g/mol, グラムパーモルと読む）といいます.

鉄 1 mol　　　水 1 mol　　　塩化ナトリウム 1 mol

図4-4　1 mol の物質の質量

物質量と質量の変換

物質量, 質量, 粒子の個数の関係は次のようになります.

重要！

$$物質量\,(mol) = \frac{質量\,(g)}{モル質量\,(g/mol)} = \frac{個数\,(個)}{6.0 \times 10^{23}}$$

たとえば, 気体分子0.3 mol を取ったときの質量, 粒子の個数は表4-7のとおりです. この表のように分子の個数は同じでも, 質量に違いが表れます.

表4-7　気体分子0.3 mol の質量と粒子数

	分子量	0.3 mol の質量 (g)	0.3 mol の分子数 (個)
水素 (H_2)	2.0	0.6	1.8×10^{23}
窒素 (N_2)	28	8.4	1.8×10^{23}
二酸化炭素 (CO_2)	44	13.2	1.8×10^{23}
アンモニア (NH_3)	17	5.1	1.8×10^{23}
ヘリウム (He)	4.0	1.2	1.8×10^{23}

第4節 物質量と気体の体積

アボガドロの法則と気体の標準状態

　1811年，イタリアのアボガドロ A. Avogadro は，実験結果をもとに，気体の体積と分子の個数との関係について，次のような法則が成立することを提唱しました．

> **重要！**
> **アボガドロの法則**
> 　同温・同圧・同体積のもとでは，気体の種類によらず同数の分子を含む．

　気体の場合は温度や圧力によって体積が大きく変わるので，比較するためには，それらを統一する必要があります．

　そのため，0℃（273.15 K），1 atm（1.013×10^5 Pa）を**気体の標準状態**といい，本書を含め，とくに記述のない場合はこの状態での体積を比較するものとします．

　標準状態での気体 1 mol の体積は 22.4 L で，これはすべての気体について成り立ちます．その様子を表したのが図4-5です．

　化学の世界では，物質量は粒子の質量，粒子の個数，（それが理想気体であれば）体積と関連づけられます．演習を通じて慣れておきましょう．

	水素 H_2	窒素 N_2	二酸化炭素 CO_2	アンモニア NH_3	ヘリウム He
物質量	1 mol	1 mol	1 mol	1 mol	1 mol
分子の個数	6.02×10^{23}個	6.02×10^{23}個	6.02×10^{23}個	6.02×10^{23}個	6.02×10^{23}個
質量	2.0 g	28.0 g	44.0 g	17.0 g	4.0 g
体積 (0℃, 1.013×10^5 Pa)	22.4 L	22.4 L	22.4 L	22.4 L	22.4 L

図4-5　**1 mol の気体の体積**

STEP UP　物質の状態変化

　固体の二酸化炭素のことをドライアイスといい，アイスクリーム，ケーキなどの食品が傷まない（融けない）ように輸送するための保冷剤として使われます．ドライアイスの密度は 1.6 g/cm³です．二酸化炭素の分子量は 44 なので，1 mol（44 g）分のドライアイスは 27.5 cm³となります．

　ドライアイスを放置しておくと，固体から気体へと変化します．この現象を**昇華**といいます．昇華によってすべて気体になったとすると，標準状態では 22.4 L になります．前後の体積変化は，次式で求められます．

$(22.4 \times 1000) \div 27.5 = 815$ 倍

　このように，きわめて大きい変化があることがわかります．このことは，気体は分子間のすき間が多く，スカスカであることを示しています．

　ドライアイスを空気中に置くと空気中の水分が凍り白煙が発生します．また，水中に入れると大量白煙を発生するため，舞台などでの特殊効果でよく用いられます．

STEP UP 分子間に働く力

● なぜ液体が存在できるのか？

通常は気体の物質も十分な低温にすると液体になります．たとえば，窒素（分子量 28）は -196 ℃，酸素（分子量 32）は -183 ℃で液体となります．一方，水は分子量が 18 しかない軽い分子にもかかわらず室温ではおもに液体です．液体や固体として集合するためには，分子間にお互いに引きつける力があるからと考えたファンデルワールス van der Waals は，1873 年にその力を分子間力と名づけました．

● 電気陰性度とは？

そのしくみを考えるには，原子の性格を知る必要があります．今回登場する電気陰性度とは，原子が電子を引きつける度合いを表したもので，フッ素の 4.0 を最高に，同じ周期では最外殻電子の数が多くなるほど高くなります（図1）．

● 極性分子と無極性分子

電子を引きよせやすい（電気陰性度が高い）原子と，引きよせにくい（電気陰性度が低い）原子の組み合わせでできる分子のなかでは，電子の分布に偏りができ，1 つの分子が正と負の両方の電気を帯びます（帯電）．これを極性をもつといい，このような分子を極性分子といいます（表）．また，極性分子間で正の電荷と負の電荷が引き合う作用を静電相互作用といいます．そのため，極性分子は無極性分子に比べて同程度の分子量でも融点や沸点が高くなります（図2）．なかでも，水 H_2O，アンモニア NH_3，フッ化水素 HF 分子間に働く力はとくに強く，水素結合と呼ばれています．

また，分子のもつ電子雲の揺らぎで一時的に電荷が偏り，互いに引き合う作用を分散相互作用といいます．狭い意味でのファンデルワールス力はこの分散相互作用を指しますが，非常に弱い引力です．したがって，無極性分子でも，十分な低温にすると分子の運動が鈍くなり，ファンデルワールス力によって引きつけられ，液体となります．

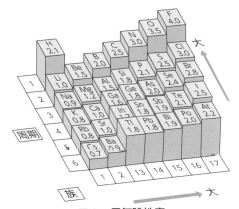

図1 **電気陰性度**
高さが高いほど電気陰性度が高いことを表しています．

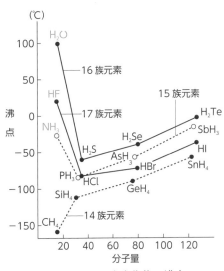

図2 **主要な水素化物の沸点**

表　**極性分子と無極性分子の例**

極性分子	水 H_2O，アンモニア NH_3，フッ化水素 HF，メタノール CH_3OH
無極性分子	水素 H_2，酸素 O_2，窒素 N_2，メタン CH_4，塩素 Cl_2

応用編!

ワンポイント化学講座

水素結合

もし水素結合が存在しなかったら

　水分子においては，電気陰性度が高い酸素原子は電子をより引きつけるために負に帯電し，水素原子は正に帯電しています．そのため，分子間に引力がはたらきます．なかでも，水分子間に働く分子間力は強く，水素結合で結ばれており，氷は規則正しい構造をしています（図1，2）.

　前述のように，水は分子量が小さいにもかかわらず，室温ではほとんどが液体として存在します．水素結合のおかげで，私たちは水を飲むことができるのです．もし水素結合が存在しなければ水は気体であり，海は存在せず，地球の姿も大きく変わっていたに違いありません．

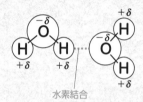

$+\delta, -\delta$：部分電荷

図1　水分子間の水素結合

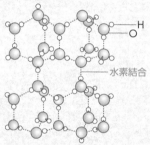

図2　氷の構造

水素結合と水滴の形

　ちなみに，コップに水をなみなみと注ぐと，水がコップの縁からあふれそうに盛り上がります．これは，水分子の間に分子間力（ファンデルワールス力や水素結合）が働いてお互いを一所に集めようとするために起こる現象です．蓮の葉のうえの水滴はほぼ球形をしているし，空から落ちて来る雨粒も球形をしています．これも同じように水分子の間に分子間力が働いて水を凝集させようとしているのです．このように液体の表面では表面にくる分子の数を少なくする形，つまり球形をとるように分子間に引き合う力が作用しており，これを表面の自由エネルギーとか表面張力といいます．表面張力はヒトが呼吸する際に，肺胞に空気を吸い込むとき強い抵抗力として働きます．正常な肺胞には，この表面張力を低下させる界面活性物質を分泌して，肺胞が膨らみやすくする働きがあります．

生命の維持に不可欠な水素結合

　ヒトの体はおよそ60％が水でできていて，そのなかに溶けているさまざまな物質が生命活動に重要な働きをもっています．なかでもタンパク質は重要で，その立体的な形が酵素（生体を構成する分子の合成・分解における触媒）としての働きに重大なかかわりをもっています．実は，タンパク質も水素結合によって立体構造（3次元構造）を作り出しているのです．さらに，タンパク質のなかには，高分子鎖が水素結合によって引きつけ合い，複雑な組織を形作っているものもあります（高次構造）．タンパク質については第13章で学びます．

第4章 章末問題

① 自然界の銅には，^{63}Cu と ^{65}Cu の同位体がある．これらの銅原子の相対質量をそれぞれ 62.9，64.9，存在比をそれぞれ 69.2%，30.8% として，銅の原子量を有効数字 2 桁で求めなさい．

② 原子に関する次の記述について正誤を判断し，正しければ○，誤っていれば×を記しなさい．

① 質量数 18 の酸素原子 1 個には，中性子が 10 個含まれる．

② 同位体が存在しない元素では，原子量は原子の質量数と一致する．

③ 炭素の原子量は 12 と定義されている．

④ ホウ素には天然に ^{10}B が 20%，^{11}B が 80% の割合で存在するので，ホウ素の原子量は 10 よりも 11 に近い．

③ 以下の物質の分子量を整数で求めなさい．

a. オゾン O_3　　　b. 水 H_2O　　　c. 二酸化炭素 CO_2　　　d. 二酸化窒素 NO_2　　　e. メタノール CH_3OH

④ 次の各化合物の物質量を有効数字 2 桁で求めなさい．

a. 5.6 g の一酸化炭素（CO）　　　b. 16 g の酸素（O_2）　　　c. 105 g のエタン（C_2H_6）
d. 64 g のメタノール（CH_3OH）　　　e. 15 g の酢酸（CH_3COOH）

⑤ 以下の化合物について，標準状態における体積を小数点以下 1 桁までの値で求めなさい．

a. 2.0 g の水素（H_2）　　　b. 2.0 g のヘリウム（He）　　　c. 88 g の二酸化炭素（CO_2）
d. 28 g の窒素（N_2）と標準状態で 5.6 L の酸素（O_2）との混合気体　　　e. 2.5 mol のメタン（CH_4）

⑥ 以下の数値について，それぞれ有効数字 2 桁で求めなさい．

a. 水 1 mol に含まれる水素原子の数　　　b. 標準状態で 22.4 L の窒素に含まれる陽子の数　　　c. 硫黄 64 g に含まれる硫黄原子の数
d. ヘリウム 1 mol に含まれる電子の数

⑦ 次の文章を読み答えなさい．

標準状態で，ある体積の空気の質量を測定したところ 0.50 g であった．次に，標準状態で同体積の別の気体の質量を測定したところ 1.01 g であった．この気体は何か．最も適当なものを，次のア〜オのうちから一つ選びなさい．ただし，空気は窒素と酸素の体積比が 4：1 の混合気体であるとする．

ア アルゴン Ar　　　イ プロパン C_3H_8　　　ウ ブタン C_4H_{10}　　　エ 二酸化炭素 CO_2　　　オ 塩素 Cl_2

⑧ 天然における塩素の同位体は ^{35}Cl が 75%，^{37}Cl が 25% の割合で存在するものとする．塩素分子 Cl_2 は理論上何通りの分子量をとることが可能か．また，それぞれの割合（%）を整数で求めなさい．

化学反応の量的関係

化学反応の際にどのような変化が起き，反応前後で質量はどうなるのでしょうか？ さまざまな化学者がこの謎に挑み，モデルを提案してきました．

化学反応式を利用すると，反応の量的関係が予測できます．ここでは第4章で学んだ物質量の考え方が重要になります．自在に扱えるようにしていきましょう．

また，化学反応は水溶液中でも進行します．本章では水溶液の濃度の表し方も学びます．

> **キーワード** 化学変化，化学反応式，量的関係，反応物，生成物，標準状態，
> 質量パーセント濃度，モル濃度

第 1 節　化学反応式

化学変化とは

メタン CH_4 が燃焼すると二酸化炭素 CO_2 と水 H_2O になります．また，マグネシウム Mg を塩酸 HCl に浸すと水素が発生します．これらの場合，物質を構成する原子の組み合わせが変わり，別の物質になっています．このような変化を化学変化といいます．

一方，氷が融解して水になったり，水に砂糖が溶けたりする場合は，物質自体は変化しません．このような変化は物理変化（状態変化）といいます（図5-1）．

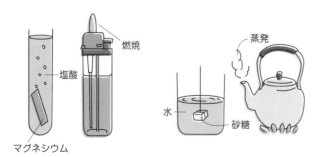

化学変化　　　　　　　　物理変化
図5-1　化学変化と物理変化

化学反応式の作り方 ①

化学反応式とは，化学反応の前後における物質の変化を化学式で表したものです．このとき，原料のことを反応物，生成する物質のことを生成物といいます．化学反応では，前後で原子の種類と個数は変化しません．そのため，化学反応式でも，化学式の前に係数を付けて原子の種類と個数をそろえる必要があります．

メタン CH_4 が燃焼して二酸化炭素 CO_2 と水 H_2O になる化学反応式を表してみましょう．まず，分子の模型を使って化学反応を図5-2に表します．

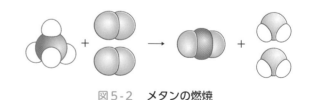

図5-2　メタンの燃焼

たしかに，前後で原子の数が変わっていないことがわかりますね．今度は，化学反応式で表してみましょう．メタンの場合は図5-2から明らかですが，応用が効くよう，一般的な化学反応式の作り方を学びます．

なお，化学反応式の係数は最も簡単な整数になるようにし，「1」は省略します．また，図5-3の2つの化学反応式は表記に誤りを含んでいます．係数がまだ割りきれる数であったり，分数であってはいけません．

$$\times \quad 2CH_4 + 4O_2 \longrightarrow 2CO_2 + 4H_2O$$

$$\times \quad \frac{1}{2}C_3H_8 + \frac{5}{2}O_2 \longrightarrow \frac{3}{2}CO_2 + 2H_2O$$

図5-3　化学反応式の誤表記の例

> **Point**
>
> ① 反応物と生成物の化学式を記します．
>
> $$CH_4 + O_2 \longrightarrow CO_2 + H_2O$$
>
> ② 炭素原子，水素原子の個数をそろえます．
>
> $$\underline{CH_4} + O_2 \longrightarrow \underline{CO_2} + \underline{2H_2O}$$
> H原子の数　4個　＝　0　＋　2×2
>
> ③ 最後に，酸素原子の数をそろえて完成です．
>
> $$CH_4 + 2O_2 \longrightarrow CO_2 + 2H_2O$$
> O原子の数　2×2個＝　2　＋　2×1

同様に，プロパンC_3H_8が燃焼して二酸化炭素CO_2と水H_2Oになる化学反応式を表してみましょう．

① 反応物と生成物の化学式を記します．

$$C_3H_8 + O_2 \longrightarrow CO_2 + H_2O$$

② 炭素原子，水素原子の個数をそろえます．

$$C_3H_8 + O_2 \longrightarrow 3CO_2 + 4H_2O$$

C原子は3個　…　CO_2は3分子
H原子は8個　…　H_2Oは4分子

③ 最後に，酸素原子の個数をそろえて完成です．

$$C_3H_8 + 5O_2 \longrightarrow 3CO_2 + 4H_2O$$

O原子の数5×2個＝3×2＋4

酸素原子はO_2，CO_2，H_2Oの3つの分子に含まれているので，最後に数をそろえています．一方，炭素原子は二酸化炭素のみに，水素原子は水のみに含まれているので，先に係数を決定することができます．

化学反応式の作り方 ②

マグネシウムMgを塩酸HClに浸すと塩化マグネシウムと水素が発生します．この反応の化学反応式を考えてみましょう．

$$Mg + HCl \longrightarrow （塩化マグネシウム） + H_2$$

塩化マグネシウムの化学式については，第3章の考え方を利用します．つまり，マグネシウムイオンMg^{2+}と塩化物イオンCl^-からなる塩なので，塩化マグネシウムの化学式は$MgCl_2$です．

したがって，化学反応式は次のようになります．

$$Mg + 2HCl \longrightarrow MgCl_2 + H_2$$

同様に，マグネシウムと硫酸H_2SO_4，マグネシウムと硝酸HNO_3が反応して水素が発生する化学反応式は以下のようになります．

$$Mg + H_2SO_4 \longrightarrow MgSO_4 + H_2$$
$$Mg + 2HNO_3 \longrightarrow Mg(NO_3)_2 + H_2$$

イオン結合でできている化合物の化学式にも慣れておきましょう．

第2節 化学反応と質量変化

化学反応式の意味

化学反応式は，反応の前後の物質の変化や，粒子の個数を表したものです.

たとえば，アンモニア NH_3 合成の化学反応式では，1分子の窒素と反応する水素分子は3分子で，反応により2分子のアンモニアが生成することを表しています.

$$N_2 + 3H_2 \longrightarrow 2NH_3$$

分子を1個，2個…と数えていって，アボガドロ数個（$N_A = 6.02 \times 10^{23}$ 個 = 1 mol）になったとして考えてみましょう.

物質量で考えると，窒素分子1 mol と水素分子3 mol からアンモニア分子2 mol が生成します. 各分子の分子量をもとに質量の関係が，また，アボガドロの法則をもとに，気体の標準状態での体積がわかります.

化学反応式において，化学反応式の係数の比（＝分子の個数の比）は，物質量の比ということができます. これをわかりやすく表したのが表5-1です.

表5-1　化学反応の量的関係

	反応前（反応物）		反応後（生成物）
化学反応式	N_2　＋	$3H_2$　$\longrightarrow$	$2NH_3$
係　数	1	3	2
分子数の関係	1個	3個	2個
物質量の関係	6.02×10^{23}個	$3 \times 6.02 \times 10^{23}$個	$2 \times 6.02 \times 10^{23}$個
	1 mol	3 mol	2 mol
質量の関係	1×28 g	3×2 g	2×17 g
	28 g　＋	6 g　＝	34 g
体積比（標準状態）	1×22.4 L	3×22.4 L	2×22.4 L
	1　：	3　：	2

アンモニア生成の場合

アンモニアが生成する反応について，具体的な例をあげながら量的関係を考えてみましょう.

練習問題

【問】　次の①～③の問いに答えなさい.
① 窒素2.8 g が完全に反応して得られるアンモニアの質量は何 g か.
② 水素2.4 g が完全に反応して得られるアンモニアの標準状態での体積は何 L か.
③ 窒素2.8 g と水素2.4 g を1つの容器に入れ，窒素と水素の一方が完全に消失するまで反応させた. そのとき得られるアンモニアの質量は何 g か.

【解答】
① 窒素 N_2 の分子量は28なので，その2.8gは0.10 mol に相当します. したがって，得られるアンモニアは0.20 mol です. アンモニア（NH_3）の分子量17から，その質量は $17 \times 0.20 = 3.4$ g となります.
② 水素 H_2 の分子量は2.0なので，その2.4 g は1.2 mol に相当します. したがって，得られるアンモニアは0.80 mol です. その体積は $22.4 \times 0.80 = 17.92$ L = 18 L です.
③ 窒素0.10 mol と水素1.2 mol が存在します. 反応の量的関係を表してみましょう.

$$N_2 + 3H_2 \longrightarrow 2NH_3$$

はじめ	0.10	1.2	0
反　応	-0.10	-0.30	0.20
反応後	0	0.90	0.20　(mol)

したがって，得られるアンモニアは0.20 mol で，その質量は $17 \times 0.20 = 3.4$ g です. このとき，水素0.90 mol が余っています.

燃焼反応の場合

　有機化合物を燃焼させると，二酸化炭素が発生します．化学反応式を立てる練習をしながら，反応の量的関係を学びましょう．

練習問題

【問】　次の物質について，ア〜ウの問いに答えなさい．
　①　プロパン C_3H_8　　②　エチレン C_2H_4
　　ア　次の物質の燃焼を表す化学反応式を記しなさい．
　　イ　各物質の 1.0 mol を完全燃焼させた際，反応に必要な酸素の物質量を有効数字2桁で求めなさい．
　　ウ　各物質の 1.0 g を完全燃焼させた際，発生する二酸化炭素の物質量を，有効数字2桁で求めなさい．

【解答】
①　ア　$C_3H_8 + 5O_2 \longrightarrow 3CO_2 + 4H_2O$

　　イ　化学反応式の係数は物質量の比を表しています．化学式の下に物質量を記すとわかりやすくなります．

　　　$C_3H_8 + 5O_2 \longrightarrow 3CO_2 + 4H_2O$
　　　1 mol　5 mol　　3 mol　　4 mol

　　　係数比より，プロパン 1.0 mol を完全燃焼させるのに **5.0 mol** の酸素が必要になります．

　　ウ　プロパン 1.0 mol は 44 g なので，1.0 g は $\frac{1}{44}$ mol になります．プロパンと二酸化炭素の比は $1:3$ なので，発生する二酸化炭素は次のようになります．

　　　$$\frac{1}{44} \times 3 = 6.8 \times 10^{-2} \text{ mol}$$

②　ア　$C_2H_4 + 3O_2 \longrightarrow 2CO_2 + 2H_2O$
　　　1 mol　3 mol　　2 mol　　2 mol

　　イ　化学反応式の係数比より，エチレン 1.0 mol を完全燃焼させるのに必要な酸素は **3.0 mol** です．

　　ウ　エチレン 1.0 mol は 28 g なので，1.0 g は $\frac{1}{28}$ mol になります．エチレンと二酸化炭素の比は $1:2$ なので，発生する二酸化炭素は次のようになります．

　　　$$\frac{1}{28} \times 2 = 7.1 \times 10^{-2} \text{ mol}$$

反応で発生する気体の体積

　練習問題を通じて，物質量や質量の扱いに慣れたと思います．気体が発生する反応では，標準状態での体積で表される場合もあります．

練習問題

【問】
　①　マグネシウム 1.20 g を十分な量の塩酸と反応させた．このとき発生した水素の標準状態での体積を求めなさい．
　②　水素 8.0 L と酸素 35 L を混合して完全燃焼させた．反応後に残っている酸素の体積を求めなさい．なお，水は液体として除かれたものとします．

【解答】
①　化学反応式は次式のようになります．

　　$Mg + 2HCl \longrightarrow MgCl_2 + H_2$

　　マグネシウム 1.2 g は 0.0500 mol なので，反応で発生する水素の体積は以下のようになります．

　　$22.4 \times 0.0500 = 1.12 \text{ L}$

②　反応の量的関係を表してみましょう．

$$2H_2 + O_2 \longrightarrow 2H_2O$$

	$2H_2$	O_2	$2H_2O$
はじめ	8.0 L	35 L	0
反　応	−8.0 L	−4.0 L	8.0 L
反応後	0	31 L	8.0 L

反応後残っている酸素の体積は **31 L** と求まります．

第 3 節　溶液の濃度

溶　解

食塩（塩化ナトリウム NaCl）やブドウ糖（グルコース $C_6H_{12}O_6$）を水に溶かすと，透明な液体となります．この現象を溶解といい，得られた液体を溶液（水の場合は水溶液）といいます．また，物質を溶かす液体を溶媒，溶かされる物質を溶質といいます．

質量パーセント濃度

溶液に溶質がどれくらい含まれているかを表す数値に，質量パーセント濃度というものがあり，これは，溶液（溶媒＋溶質）に含まれている溶質の質量の割合を百分率で表したものです．

重要!

質量パーセント濃度（%）

$$= \frac{溶質の質量}{溶質の質量＋溶媒の質量} \times 100$$

$$= \frac{溶質の質量}{溶液の質量} \times 100$$

たとえば，食塩水の場合，次のように表すことができます．

食塩水の質量パーセント濃度

$$= \frac{食塩の質量}{食塩の質量＋水の質量} \times 100$$

$$= \frac{食塩の質量}{食塩水の質量} \times 100$$

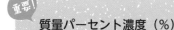

したがって，水 90 g に食塩 10 g を溶かすと，その質量パーセント濃度は10%です（図5-4）．

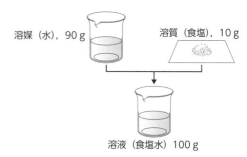

図5-4　10%食塩水の作り方

また，5%のブドウ糖水溶液 300 g を得るには，ブドウ糖と水が以下の分だけ必要なことがわかります．

$$ブドウ糖：300 \times \frac{5}{100} = 15 \text{ g}$$

$$水：300 \times \frac{95}{100} = 285 \text{ g}$$

（もしくは 300 − 15 = 285 g）

モル濃度

モル濃度は，溶液の体積，溶質の物質量に注目した濃度の表現です．溶液1 Lに溶けている溶質の物質量で表され，その単位はmol/L（モルパーリットル）です．

重要!

$$モル濃度(mol/L) = \frac{溶質の物質量(mol)}{溶液の体積(L)}$$

モル濃度を利用すると，ある体積の溶液に，どれだけの溶質が含まれているかがわかります．

たとえば，水酸化ナトリウム 0.5 mol（20 g）に水を加え，1 Lにした溶液のモル濃度は 0.5 mol/L です．この溶液 200 mL には，水酸化ナトリウムが $0.5 \times \frac{200}{1000} = 0.1$ mol 含まれています．

なお，正確なモル濃度の溶液を作るときには，メスフラスコという器具を用います（図5-5）．

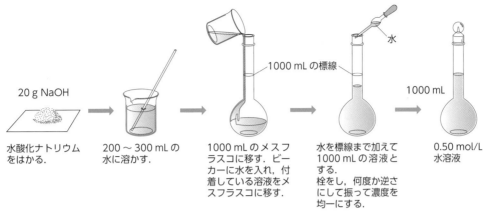

20 g NaOH

水酸化ナトリウム
をはかる.

200 ～ 300 mL の
水に溶かす.

1000 mL の標線

1000 mL のメスフ
ラスコに移す. ビー
カーに水を入れ, 付
着している溶液をメ
スフラスコに移す.

水

水を標線まで加えて
1000 mL の溶液と
する.
栓をし, 何度か逆さ
にして振って濃度を
均一にする.

1000 mL

0.50 mol/L
水溶液

図 5-5　0.50 mol/L 水酸化ナトリウム水溶液の調製

モル濃度の応用

それでは, モル濃度を使った演習問題を解いてみま
しょう.

練習問題

【問 1】

石灰石 (炭酸カルシウム) $CaCO_3$ は塩酸 HCl と反応して
二酸化炭素を発生する.

$$CaCO_3 + 2HCl \longrightarrow CaCl_2 + CO_2 + H_2O$$

炭酸カルシウム 1.0 g とちょうど反応する 0.10 mol/L 塩
酸の体積を求めなさい.

【解答】

$CaCO_3$ の式量は 100 なので, その 1.0 g は 0.010 mol に
相当します. 化学反応式の係数から, これと反応す
る HCl は 0.020 mol です. 求める塩酸の体積を x (mL) と
すると以下の式が成立します.

$$0.10 \times \frac{x}{1000} = 0.020$$

したがって, $x = 200 = 2.0 \times 10^2$

つまり, 1.0 g の $CaCO_3$ は 0.10 mol/L 塩酸 **200 mL** と完
全に反応します. このように, 水溶液の関係する化学反応
ではモル濃度は大変便利です.

【問 2】

濃硫酸 H_2SO_4 は質量パーセント濃度 98 %, 密度 1.83 g/cm³
である. 濃硫酸のモル濃度を求めなさい.

【解答】

1 L (1000 cm³) では, その質量は 1.83×1000 g です. そ
のうちの 98 % が硫酸分子 (H_2SO_4, 分子量 98) なので,
その質量と物質量は,

質　量: $1.83 \times 1000 \times \dfrac{98}{100}$ g

物質量: $\dfrac{1.83 \times 1000 \times \dfrac{98}{100}}{98} = 18.3$ mol

となり, 濃硫酸のモル濃度は **18.3 mol/L** と求まります.
濃硫酸を希釈して希硫酸が作られています.

モル濃度の計算はとても大切ですので, ぜひマスター
しておきましょう!

\\応用編！//
ワンポイント化学講座

当量とは

　生化学や医療の分野では，化合物を扱う際に当量（エクイバレント equivalent）で濃度を表現することがあります．

　当量は次のように定義されます．

> **重要!**
> ### 当量 ＝式量 ÷ 対象となるイオンの価数

　たとえば，塩化ナトリウム NaCl（式量 58.5）では，1 mol が 58.5 g です．ナトリウムイオンは1価のイオンなので，ナトリウムイオンに注目した場合，1当量は1 mol（58.5 g）となります．

　また，塩化カルシウム $CaCl_2$（式量111）は，1 mol が 111 g です．カルシウムイオンは2価のイオンなので，カルシウムに注目した場合，1当量は 0.5 mol（55.5 g）です．

　つまり，対象となるイオンの電荷が 1 mol となるような塩の物質量が1当量となります．当量の単位は Eq（エクイバレント）を用います．また，生化学や医療の分野では少量の物質を扱うことが多いので，ミリ当量（mEq，ミリエクイバレント，メックと読む）という単位を使用します．1 Eq = 1000 mEq です．

具体例
① 当量から溶けている物質の質量を求める

　生理的食塩水 1 L にはナトリウムイオンで 154 mEq の塩化ナトリウムが含まれています．この 1 L 中の塩化ナトリウムの質量は次式で求められます．

$$\frac{154}{1000} \times 58.5 = 9.01 \text{ g}$$

② 質量パーセント濃度を当量で表した濃度に変換する

　5 % のブドウ糖水溶液 1000 g には，ブドウ糖が $1000 \times \frac{5}{100} = 50$ g 含まれます．このブドウ糖（分子量180）の当量は次のとおりです．

$$\frac{50}{180} \div 1 = 0.2778 \text{ Eq} = 278 \text{ mEq}$$

　ブドウ糖はイオンにならないので当量は物質量に等しいとみなします．この水溶液の体積を水とほとんど変わらない 1 L とみなすと，当量で表現した濃度は 278 mEq/L（メックパーリットル）となります．

応用編！ ワンポイント化学講座

当量とは（続き）

試してみよう

【問】

10 % 塩化ナトリウム注射液 20 mL には塩化ナトリウムが何当量含まれているでしょうか？

【解答】

10 % 塩化ナトリウム注射液 1 アンプル（20 mL）には，2.0 g の塩化ナトリウムが含まれています．塩化ナトリウムのモル質量は 58.5 g です．ナトリウムも塩素も 1 価イオンなので，1 mol ＝ 1 Eq．したがって，その当量を x とすると，

$$58.5 \times x = 2.0$$
$$\therefore x = 0.0342 \text{ Eq} = 34.2 \text{ mEq}$$

と求まります．

実際のアンプルで確認しましょう．1 段目にはアンプル内の塩化ナトリウム濃度（2 g／20 mL），2 段目にはアンプル内の塩化ナトリウム量（34 mEq）が記載されています（図）．

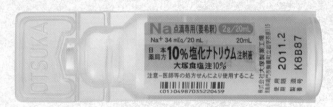

図　10 % 塩化ナトリウム注射液のアンプル

（株式会社大塚製薬工場　提供）

第5章 章末問題

① 次の化学反応式において，（　）にあてはまる係数をそれぞれ求めなさい.

a.（　）C_3H_8 ＋（　）O_2 ⟶（　）CO_2 ＋（　）H_2O

b.（　）N_2 ＋（　）O_2 ⟶（　）NO

c.（　）NH_3 ＋（　）O_2 ⟶（　）NO ＋（　）H_2O

d.（　）P_4 ＋（　）O_2 ⟶（　）P_4O_{10}

② メタン CH_4 の 8.0 g を完全に燃焼させたとき，生成する水は何 g か.

③ 標準状態のプロパン C_3H_8 の 1 L を完全燃焼させると，二酸化炭素は標準状態で何 L 生成するか.

④ グルコース（ブドウ糖）を発酵させるとエタノールと二酸化炭素が生成する. グルコース 10 g が次の化学反応式に従ってすべて反応すると，発生する二酸化炭素の質量は何 g か，有効数字 2 桁で答えなさい.

$$C_6H_{12}O_6 \longrightarrow 2C_2H_5OH ＋ 2CO_2$$

⑤ 次のア～ウの物質 1 mol と酸素 3 mol を混合して完全燃焼させた. 反応後に余っている酸素の物質量を求めなさい.

a. 一酸化炭素 CO　　b. エタノール C_2H_5OH　　c. 水素 H_2

⑥ 次の文章を読み，問いに答えなさい.

　ある自動車が 10 km 走行したとき 1.0 L の燃料を消費した. このとき発生した二酸化炭素の質量は，平均すると 1 km 当たり何 g か，有効数字 2 桁で答えなさい. ただし，燃料は完全燃焼したものとし，燃料に含まれる炭素の質量の割合は 85%，燃料の密度は 0.70 g/cm³ とする.

⑦ モル濃度 2.0 mol/L の硫酸の密度は 1.1 g/cm³ である. この硫酸の質量パーセント濃度を，有効数字 2 桁で答えなさい.

⑧ 質量パーセント濃度が 1.7% の過酸化水素水 10.0 g に酸化マンガン（Ⅳ）を少量加えて酸素を発生させた. この反応で発生した気体の体積は，標準状態において何 mL か，有効数字 2 桁で答えなさい.
なお，化学反応式は $2H_2O_2 \longrightarrow 2H_2O＋O_2$ と表せるものとする.

⑨ マグネシウム 0.24 g を 3.0 mol/L の塩酸 100 mL に入れると気体が発生し，マグネシウムは完全に溶けた. このときに発生した気体の，標準状態における体積は何 L か，有効数字 2 桁で答えなさい.

酸と塩基

食酢やレモンはすっぱく，その溶液は酸性を示します．一方，セッケン水は塩基性です．

酸や塩基の溶液に含まれる化合物や濃度はさまざまですが，pH（水素イオン指数）を使うと，酸性や塩基性の度合いを表すことができます．pH は生化学を学ぶ際にも不可欠で，胃液の pH は 2.0 程度，血液は 7.4，唾液は 6.8 など，その器官や組織の働きとも大きな関係があります．本章では，酸や塩基のもとになる物質について考えます．また，中和反応を化学反応式で表し，その量的関係を学びます．

キーワード　酸，塩基，電離度，水のイオン積，pH（水素イオン指数），中和滴定，塩，指示薬，塩の加水分解

第 **1** 節　酸・塩基の種類

酸とは

塩化水素 HCl，硫酸 H_2SO_4，酢酸 CH_3COOH などの水溶液は青色リトマス紙を赤くし，すっぱい味がします．また，マグネシウムなどの金属と反応して水素を発生させます．このような性質を酸性といいます．なお，塩化水素を水に溶かした水溶液を塩酸といいます．

塩化水素，硫酸，酢酸が水に溶けると，次のように電離し，いずれも水素イオン H^+ ができます．

$$HCl \longrightarrow H^+ + Cl^-$$
塩化物イオン

$$H_2SO_4 \longrightarrow 2H^+ + SO_4^{2-}$$
硫酸イオン

$$CH_3COOH \longrightarrow CH_3COO^- + H^+$$
酢酸イオン

このように，水溶液中で電離して H^+ を出す物質を酸といい，酸性を示す原因となっています．

酸の分子中に含まれる水素原子のうち，電離して H^+ になることができる水素原子の数を，酸の価数といいま

す．たとえば，塩化水素 HCl は化学式からわかるとおり一価の酸，硫酸 H_2SO_4 は二価の酸です．また，酢酸はカルボキシ基 –COOH の水素原子が電離するので，一価の酸です（表6-1）．

表6-1　主要な酸と価数

価数	物質名	化学式
一価	塩化水素	HCl
	硝酸	HNO_3
	酢酸	CH_3COOH
二価	硫酸	H_2SO_4
	シュウ酸	$(COOH)_2$
三価	リン酸	H_3PO_4

なお，水素イオン H^+ は水溶液中では水と結合してオキソニウムイオン H_3O^+ として存在しています．普段は省略して H^+ と表します．

$$H^+ + H_2O \longrightarrow H_3O^+$$

オキソニウムイオンの電子式は図6-1のように表され，元の水分子がもっていたHと，水素イオンからきたHは区別できません．

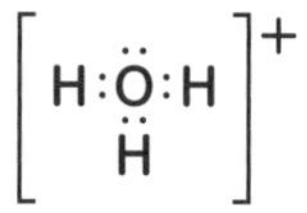

$$\left[\begin{array}{c} \text{H} : \overset{\displaystyle ..}{\underset{\displaystyle \text{H}}{\text{O}}} : \text{H} \end{array} \right]^{+}$$

図6-1　オキソニウムイオン

このような結合を配位結合といいます. つまり, オキソニウムイオンのO−H結合のうち2本は共有結合, 1本は配位結合ですが, 両者の結合は区別できません.

塩基とは

水酸化ナトリウム NaOH や, 水酸化カルシウム $Ca(OH)_2$ 水溶液 (石灰水) などは, 赤色リトマス紙を青くし, 酸と反応して酸の性質を打ち消します. このような性質を塩基性 (あるいはアルカリ性) といいます.

水溶液中で電離して水酸化物イオン OH^- を生じる物質を塩基といい, 塩基性を示す原因になります.

$$NaOH \longrightarrow Na^+ + OH^-$$
$$Ca(OH)_2 \longrightarrow Ca^{2+} + 2OH^-$$

アンモニア NH_3 は分子内に水酸化物イオン OH^- を含みませんが, 水に溶けると一部が水と反応して OH^- を作るため, アンモニア水は塩基性になります.

$$NH_3 + H_2O \rightleftharpoons NH_4^+ + OH^-$$

塩基についても化学式から価数ごとに分類することができます (表6-2).

表6-2　主要な塩基と価数

価数	物質名	化学式
一価	水酸化ナトリウム	NaOH
	水酸化カリウム	KOH
	アンモニア	NH_3
二価	水酸化カルシウム	$Ca(OH)_2$
	水酸化バリウム	$Ba(OH)_2$
三価	水酸化アルミニウム	$Al(OH)_3$

酸・塩基の定義

イオンの電離について研究したスウェーデンのアレニウスは, 酸・塩基について次のように定義しました.

アレニウスの定義
　酸 ：水に溶けて水素イオン H^+ を生じる物質
　塩基：水に溶けて水酸化物イオン OH^- を生じる物質

しかし, 塩酸 (塩化水素が水に溶けたもの) の瓶の口にアンモニア水を付けたガラス棒を近づけると, 塩化アンモニウムの白煙を生じます.

$$NH_3 + HCl \longrightarrow \underset{\text{塩化アンモニウム}}{NH_4Cl}$$

これは, 気化した塩化水素とアンモニアという気体同士の反応であり, アレニウスの定義にある水中での酸・塩基の反応にはあてはまりません.

そこで, デンマークのブレンステッドは定義を拡張し, 水素イオンのやりとりから酸・塩基を定義しました. ブレンステッドの定義は次のようなものです.

ブレンステッドの定義
　酸 ：水素イオン H^+ を相手に与える分子やイオン
　塩基：水素イオン H^+ を受け取る分子やイオン

ブレンステッドの定義をもとに考えると, アンモニアと塩化水素との反応では, HCl は NH_3 に H^+ を与えているので酸, NH_3 は HCl から H^+ を受け取っているので塩基となります (図6-2).

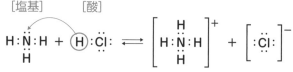

[塩基]　　　[酸]

図6-2　酸・塩基の例1

アンモニアが水に溶けて OH^- を生じる反応では, 水は NH_3 に H^+ を与えているので酸, NH_3 は水から H^+ を受け取っているので塩基となります (図6-3).

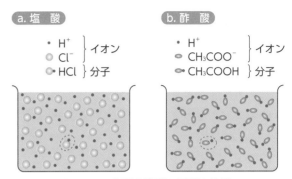

アンモニア　　　水　　　アンモニウムイオン　水酸化物イオン

図6-3　酸・塩基の例2

ブレンステッドの定義による酸・塩基の定義では，水は酸として働く場合もあれば，塩基としても働く場合もあります．

酸・塩基の強弱

図6-4は，0.1 mol/Lの塩酸と酢酸の中にそれぞれ金属マグネシウムを入れたものです．モル濃度が同じでも塩酸のほうが反応が激しいことがわかります．その理由の一つとして，塩酸は酢酸よりも電離している度合いが高く，同じモル濃度でも溶液中の水素イオン H^+ の量が多いからです．

酢酸　　　　　塩酸

図6-4　マグネシウムの反応と酸の強弱

電離度

塩酸は水中ではほぼ完全に電離しています（図6-5a）.

しかし，酢酸は大部分は分子として存在しており，電離しているものはごくわずかです（図6-5b）.

$$HCl \longrightarrow H^+ + Cl^-$$
電離

$$CH_3COOH \rightleftharpoons CH_3COO^- + H^+$$
分子

<table>
<tr><td>a. 塩 酸</td><td>b. 酢 酸</td></tr>
</table>

・ H^+
○ Cl^- ｝イオン
● HCl ｝分子

・ H^+
○ CH_3COO^- ｝イオン
● CH_3COOH ｝分子

図6-5　塩酸と酢酸の電離の比較

水溶液での，電解質（酸や塩基など）の割合を電離度といいます．電離度はαで表され，次のように表現されます．

重要!

$$電離度\ \alpha = \frac{電離した電解質の物質量}{電解質全体の物質量}$$

水中でほとんどが電離している酸や塩基を強酸，強塩基といいます．一方，ほとんど電離しない酸や塩基を弱酸，弱塩基といいます（表6-3）.

たとえば，0.1 mol/L 塩酸の電離度はほぼ 1 です．また，0.1 mol/L 酢酸の電離度は$\alpha = 0.013$ で，100 個中 1.3 個が電離していることになります．

表6-3　酸・塩基の区別

酸	物質名	化学式	塩基	物質名	化学式
強酸	塩化水素	HCl	強塩基	水酸化ナトリウム	NaOH
	硝酸	HNO_3		水酸化カルシウム	$Ca(OH)_2$
	硫酸	H_2SO_4		水酸化バリウム	$Ba(OH)_2$
弱酸	酢酸	CH_3COOH	弱塩基	アンモニア	NH_3
	シュウ酸	$(COOH)_2$		水酸化アルミニウム	$Al(OH)_3$

アレニウス S. Arrheniusは，イオンの組み換えが多くの化学反応の本質であると見抜き，1903年に電解質の理論に関する業績でノーベル化学賞を受賞しました．彼は幅広く活躍し，物理化学という学問の創始者として讃えられています．

第 2 節　水素イオン濃度と pH

水の電離

溶液中に H^+ がどのくらい含まれているかがわかれば，酸性の強さを表すことができます．実は，純粋な水も，ごくわずかに電離して，H^+ と OH^- が存在しています．

$$H_2O \rightleftharpoons H^+ + OH^-$$

このとき，水中の水素イオンのモル濃度 $[H^+]$ と水酸化物イオンのモル濃度 $[OH^-]$ は，25℃ ではいずれも 1.0×10^{-7} mol/L であることがわかっています．

$$[H^+] = [OH^-] = 1.0 \times 10^{-7} \text{ mol/L}$$

なお，$[\ \ ]$ は対象となるイオンや化合物のモル濃度を表しています．

酸性の水溶液では $[H^+]$ が多い分 $[OH^-]$ が 1.0×10^{-7} mol/L より減少します．また，塩基性の水溶液では $[OH^-]$ が多い分 $[H^+]$ が 1.0×10^{-7} mol/L より減少します．

Point

酸性水溶液では
$$[H^+] > 1.0 \times 10^{-7} \text{ mol/L} > [OH^-]$$

中性水溶液では
$$[H^+] = 1.0 \times 10^{-7} \text{ mol/L} = [OH^-]$$

塩基性水溶液では
$$[H^+] < 1.0 \times 10^{-7} \text{ mol/L} < [OH^-]$$

実は，水中では $[H^+]$ と $[OH^-]$ の積は一定であることがわかっています．これを水のイオン積 K_w で表し，次の関係があります．

重要!

$$K_w = [H^+] \times [OH^-]$$
$$= 1.0 \times 10^{-14} \text{ (mol/L)}^2 \qquad (25℃)$$

STEP UP　酸性・塩基性の度合いを調べるには

リトマス紙を使うと，酸性では青色リトマス紙が赤色に，塩基性では赤色リトマス紙が青色に変わります．リトマスは歴史的には植物（リトマスゴケ）から抽出された色素です．

BTB（ブロモチモールブルー）は，酸性では黄色，中性では緑色，塩基性で青色を示します．酸性か塩基性か（これを液性といいます）を調べるのに使われます．両者とも，液性はわかりますが，酸性や塩基性の強さは推定できません．

水溶液の酸性・塩基性の強さは，ユニバーサル pH 試験紙を使えば大体の pH がわかります．また，pH メーターで正確に測定することができます．

市販のムラサキキャベツを煮つめて作った溶液も，pHで色が変わります．これを利用して，図のような，さまざまな色の溶液を作ることができます．

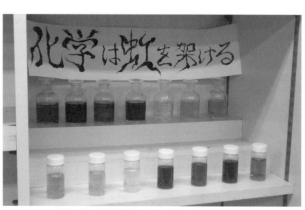

図　酸・塩基指示薬の色変化を利用したアート

pH（水素イオン指数）

水のイオン積を利用すれば，塩基性の水溶液でも$[H^+]$を求めることができます．したがって，酸性，塩基性のどちらとも，$[H^+]$と関連づけたほうがわかりやすいといえます．

そこで，水素イオン指数 pH（ピーエイチ，あるいはペーハーと読む）というものが考案されました．

> **重要！**
>
> $$pH = -\log_{10}[H^+]$$

水素イオン濃度とpHの間には，次の関係が成り立ちます．なお，一般には 25℃の水溶液で考えます．

> **重要！**
>
> $[H^+] = 1.0 \times 10^{-a}$ mol/L のとき
>
> $\qquad pH = a$
>
> $[H^+] = a \times 10^{-b}$ mol/L のとき
>
> $\qquad pH = b - \log_{10}a$

したがって，純粋な水なら $[H^+] = 1.0 \times 10^{-7}$ mol/L なので，pH＝7となります．

pH＝7を境として，酸性水溶液では pH は 7 より小さくなり，塩基性水溶液では pH は 7 より大きくなります．図6-6 は pH と $[H^+]$，$[OH^-]$ の関係と，身近な溶液の pH を表したものです．

希釈による pH の変化

例として，0.1 mol/L の塩酸 HCl を考えます．この塩酸は $[H^+] = 1 \times 10^{-1}$ mol/L なので，pH は 1 です．これを10倍に薄めると，$[H^+] = 1 \times 10^{-2}$ mol/L となり，pH は 2 になります．$[H^+]$ が $\frac{1}{10}$ になると pH は 1 大きくなります．

また，0.1 mol/L の水酸化ナトリウム NaOH 水溶液を例に考えましょう．この溶液は $[OH^-] = 1 \times 10^{-1}$ mol/L なので，水のイオン積より $[H^+] = 1 \times 10^{-13}$ mol/L となり，pH は 13 です．これを10倍に薄めると，$[H^+] = 1 \times 10^{-12}$ mol/L となり，pH は 12 になります（確認してみよう）．$[OH^-]$ が $\frac{1}{10}$ になると pH は 1 小さくなります．酸，塩基とも，十分に希釈すれば最終的には中性の 7 に近づいていきます．

pH の計算 —強酸，強塩基の場合

常用対数（底が 10 の log）を用いれば，さまざまな溶液の pH を計算することができます．$\log_{10}2 = 0.30$，$\log_{10}3 = 0.48$ の値はよく使用します．強酸，強塩基の場合，電離度は 1 とみなして計算してかまいません．

練習問題

【問】　次の溶液の pH を求めなさい．

① 0.03 mol/L　塩酸 HCl

② 0.001 mol/L　硫酸 H_2SO_4

③ 0.05 mol/L　水酸化ナトリウム NaOH 水溶液

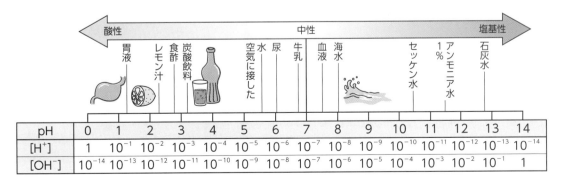

pH	0	1	2	3	4	5	6	7	8	9	10	11	12	13	14
$[H^+]$	1	10^{-1}	10^{-2}	10^{-3}	10^{-4}	10^{-5}	10^{-6}	10^{-7}	10^{-8}	10^{-9}	10^{-10}	10^{-11}	10^{-12}	10^{-13}	10^{-14}
$[OH^-]$	10^{-14}	10^{-13}	10^{-12}	10^{-11}	10^{-10}	10^{-9}	10^{-8}	10^{-7}	10^{-6}	10^{-5}	10^{-4}	10^{-3}	10^{-2}	10^{-1}	1

図6-6　身近な溶液のpH

【解答】

① $[H^+] = 0.03 = 3 \times 10^{-2} \text{ mol/L}$

　　$pH = 2 - \log_{10} 3 = 2 - 0.48 = 1.52$

② 硫酸は二価の酸なので，濃度を2倍します．

　　$[H^+] = 0.001 \times 2 = 2 \times 10^{-3} \text{ mol/L}$

　　$pH = 3 - \log_{10} 2 = 3 - 0.30 = 2.7$

③ $[OH^-] = 0.05 = 5 \times 10^{-2} \text{ mol/L}$

　水のイオン積より，

　$K_w = [H^+] \times [OH^-] = 1 \times 10^{-14} \text{ (mol/L)}^2$

　　　$= [H^+] \times 5 \times 10^{-2} = 1.0 \times 10^{-14}$

　したがって，

　$[H^+] = 2 \times 10^{-13}$

　$pH = 13 - \log_{10} 2 = 13 - 0.30 = 12.7$

ません．そこで，計算に際しては電離度 α が与えられています．

練習問題

【問】　次の溶液の pH を求めなさい．

① 0.02 mol/L　酢酸 CH_3COOH $(\alpha = 0.01)$

② 0.01 mol/L　アンモニア水 NH_3 $(\alpha = 0.01)$

【解答】

① $[H^+] = (\text{モル濃度}) \times (\text{電離度 } \alpha)$

　　　$= 0.02 \times 0.01 = 2 \times 10^{-4} \text{ mol/L}$

　より，

　$pH = 4 - \log_{10} 2 = 4 - 0.3 = 3.7$

② $[OH^-] = 0.01 \times 0.01 = 1 \times 10^{-4} \text{ mol/L}$

　水のイオン積より，

　$[H^+] \times 1 \times 10^{-4} = 1 \times 10^{-14}$

　したがって，

　$[H^+] = 1 \times 10^{-10}$,　$pH = 10$

◀ pH の計算 ─ 弱酸，弱塩基の場合 ▶

　弱酸，弱塩基は，電離度は1よりはるかに小さいため，溶液のモル濃度をもとに pH を計算することはでき

STEP UP　標準溶液

　市販の濃硫酸は純度98%で，若干の水を含んでいます．したがって，それを希釈しても正確なモル濃度の希硫酸を作ることはできません．また，塩酸の場合は，塩化水素に揮発性があることから，時間とともに濃度は変化します．

　一方，水酸化ナトリウム NaOH は固体ですが，空気中の水分を吸収しやすい性質があります．この現象を潮解といいます（図）．また，空気中の二酸化炭素とも反応するので，水酸化ナトリウム水溶液のモル濃度は正確ではありません．

　そこで，シュウ酸二水和物 $(COOH)_2 \cdot 2H_2O$ の結晶を水に溶かした水溶液を，濃度が正確な標準溶液として利用します．厳密な中和滴定の際は，このシュウ酸標準溶液で水酸化ナトリウム水溶液を中和滴定して，水酸化ナトリウム水溶液の濃度を決定します．それを利用して濃度未知の酸の濃度を決定します．

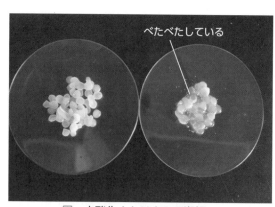

べたべたしている

図　水酸化ナトリウムの潮解

第3節　中和滴定

中和とは

塩酸と水酸化ナトリウムの反応は次のように表されます.

$$HCl + NaOH \longrightarrow NaCl + H_2O$$

酸と塩基が反応すると,酸の H^+ と塩基の OH^- が反応して水になり,酸と塩基の性質が互いに打ち消されます.このような反応を中和反応といいます.

酸の H^+ と塩基の OH^- の部分を抜き出すと,

$$H^+ + OH^- \longrightarrow H_2O$$

となり,一般に中和反応では水が生成します.

中和反応で生成する塩化ナトリウム NaCl,硫酸ナトリウム Na_2SO_4 のようなイオン性の物質を塩といいます.

中和反応の量的関係

中和反応とは,酸が出す H^+ と塩基が出す OH^- が反応して,水ができる反応を指します.したがって,酸と塩基が過不足なく反応した時点(これを中和点,あるいは終点という)では,次の関係が成り立ちます.

> 重要!
> **酸からの H^+ の物質量**
> **= 塩基からの OH^- の物質量**

たとえば,1 mol の H_2SO_4 と反応する NaOH は2 mol です(図6-7).

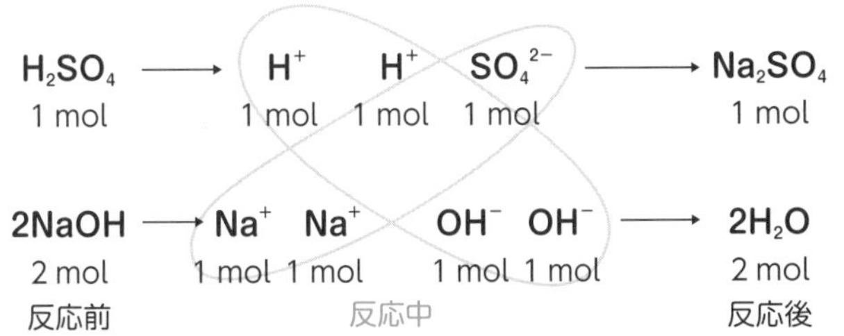

H_2SO_4	$\longrightarrow$	H^+　H^+　$SO_4{}^{2-}$	$\longrightarrow$	Na_2SO_4
1 mol		1 mol　1 mol　1 mol		1 mol
$2NaOH$	$\longrightarrow$	Na^+　Na^+　OH^-　OH^-	$\longrightarrow$	$2H_2O$
2 mol		1 mol　1 mol　1 mol　1 mol		2 mol
反応前		反応中		反応後

図6-7　中和反応の量的関係

中和反応の量的関係について考えるときは,毎回化学反応式を記すのは面倒です.また,その多くは溶液中の反応であるので,それぞれの価数,濃度と体積に関する関係式があれば理解が容易です.

濃度が c(mol/L),体積が v(mL)の a 価の酸の水溶液に,濃度が c'(mol/L),体積が v'(mL)の b 価の塩基の水溶液を加えたとき,ちょうど中和したとしましょう.このとき,酸が出した H^+ の物質量と,塩基が出した OH^- の物質量は等しいので,次式が成り立ちます.

> 重要!
> $$a \times c \times \frac{v}{1000} = b \times c' \times \frac{v'}{1000}$$

この関係式を利用して,モル濃度のわからない酸または塩基の水溶液のモル濃度を求める操作を中和滴定といいます.

中和滴定の計算

典型的な中和滴定の問題を解いて,考え方に慣れましょう.

練習問題

【問】　次の設問に答えなさい.
① 濃度未知の酢酸水溶液 20 mL を中和するのに,0.25 mol/L の水酸化ナトリウム水溶液 40 mL を要した.この酢酸のモル濃度 x(mol/L)を求めなさい.
② 濃度未知の硫酸 10 mL を中和するのに 0.30 mol/L の NaOH 水溶液 40 mL を要した.この硫酸のモル濃度 y(mol/L)を求めなさい.

【解答】
① 酢酸 CH_3COOH は一価の酸,水酸化ナトリウム NaOH は一価の塩基なので,

$$1 \times x \times \frac{20}{1000} = 1 \times 0.25 \times \frac{40}{1000}$$

$$x = 0.50 (\text{mol/L})$$

② 硫酸 H_2SO_4 は二価の酸，水酸化ナトリウム NaOH は一価の酸なので，

$$2 \times y \times \frac{10}{1000} = 1 \times 0.30 \times \frac{40}{1000}$$

$$y = 0.60 (\text{mol/L})$$

　酢酸は弱酸なので，その電離度はせいぜい 0.01（1％）程度と小さいです．しかし，OH^- と反応して H^+ が中和されると，酢酸の電離が進み，最終的にすべての酢酸が消費されます．酸や塩基の強弱とは関係なく考える点に注意しましょう．

滴定曲線と指示薬

　中和滴定の際，加えた酸または塩基の体積と pH の変化を表したグラフを滴定曲線といいます．

　図6-8aの黒線は，0.10 mol/L の塩酸 10 mL に 0.10 mol/L の NaOH 水溶液を v (mL) 加えた滴定曲線です．はじめは酸性ですが，次第に pH は上昇してゆき，$v = 10$ 前後ではほぼ垂直になります．これを pH ジャンプといい，中和点から 1 滴でも塩基が加わると塩基性側にシフトすることを表しています．0.10 mol/L の NaOH 水溶液の pH は 13 なので，最終的には pH は 13 に近づきます．

　図6-8aの色線は，0.10 mol/L の酢酸 10 mL に 0.10 mol/L の NaOH 水溶液を加えた滴定曲線です．酢酸は塩酸よりも弱い酸なので，pH は高くなります（グラフは上に位置することになります）．$v = 10$ 以降の変化は両者とも同じため，グラフは重なっています．

　この実験を行うときには，反応の終点を知るために指示薬を加えます．指示薬とは pH に応じて色の変わる試薬のことで，色調の変わる pH の範囲を変色域といいます．中和滴定の際には，pH ジャンプの部分に変色域が入るようにします（図6-8b）．

　HCl-NaOH の滴定ではメチルオレンジ，フェノールフタレインともに適しています．しかし，CH_3COOH-NaOH の滴定ではフェノールフタレインは適しますが，メチルオレンジでは中和反応の早い段階で色が変わってしまい，終点を調べることはできません（図6-9a, c）．

　一方，$HCl-NH_3$ の滴定では，メチルオレンジは使えますが，フェノールフタレインは中和点を過ぎてから変色するため適しません（図6-9b）．

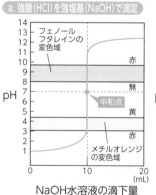

a. 強酸(HCl)を強塩基(NaOH)で滴定

NaOH水溶液の滴下量

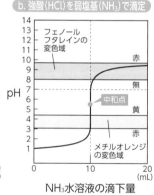

b. 強酸(HCl)を弱塩基(NH₃)で滴定

NH₃水溶液の滴下量

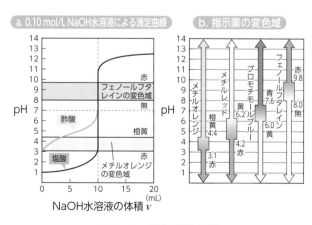

a. 0.10 mol/L NaOH水溶液による滴定曲線

NaOH水溶液の体積 v

b. 指示薬の変色域

図6-8　滴定曲線の例

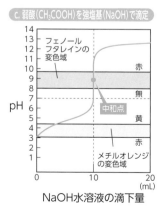

c. 弱酸(CH₃COOH)を強塩基(NaOH)で滴定

NaOH水溶液の滴下量

図6-9　滴定曲線

塩は中性とは限らない？

中和点の pH は，このほぼ垂直になっている部分（pH ジャンプ）の中点とみなすことができます（図6-9）．中和点では酸や塩基は存在せず，塩のみの水溶液となっているので，図6-9 のそれぞれの塩の化学式と液性をあげると，

- a. 塩化ナトリウム NaCl …中性
- b. 塩化アンモニウム NH_4Cl …酸性
- c. 酢酸ナトリウム CH_3COONa …塩基性

となります．したがって，中和で生成した塩の水溶液は中性とは限りません．

塩の水溶液の液性の見分け方

一般に，強酸と強塩基からできた塩の水溶液は中性を示します．また，強酸と弱塩基の中和でできた塩の水溶液は酸性を示し，弱酸と強塩基が中和してできた塩の水溶液は塩基性を示します（表6-4）．

表6-4　塩の水溶液の液性の例

中　性	$NaCl$, Na_2SO_4, $CaCl_2$, KNO_3
酸　性	NH_4Cl，$(NH_4)_2SO_4$
塩基性	CH_3COONa, Na_2CO_3

応用編！ ワンポイント化学講座

生体のpHと緩衝液

体液とは

生体を構成する液体の成分を 体液 といいます．健康なヒトの体液の pH は 7.35〜7.45 の範囲にコントロールされていて，これを外れると病的な異常があると考えられます．おもしろいことに，ヒトの体の酵素はこの狭い pH の範囲で最高のパフォーマンスが発揮できるようになっています．そのため，体液の pH をこの範囲内におさめておくことは生命の維持のために非常に重要なことなのです．

体は多数の細胞で構成されており，同じ働きをする細胞が集まって組織を形作っています．細胞の間は細胞外マトリックスとよばれる線維性の物質と液体で満たされており，体液は大まかに分けると，細胞の中にある液体（細胞内液）と細胞の外（組織の中や血管の中）にある液体（細胞外液）に分けられます．

なぜpHが変化しないのか

体液のうち，細胞外液の pH は重炭酸緩衝溶液（炭酸と炭酸水素イオン間の平衡）でコントロールされています．水を加えたり，少量の酸またはアルカリを加えたときにその水素イオン濃度を一定に保とうとする作用を緩衝作用といい，このような作用をする溶液を緩衝溶液（バッファー）といいます．一般に弱酸とその塩，または，弱塩基とそれと共通の陽イオンを有する塩からなる溶液は緩衝作用をもっています．血漿を含む細胞外液では H_2CO_3（炭酸，生化学の分野では重炭酸ともいいます）の緩衝作用が非常に重要です．もちろん，実際は炭酸だけではなく，リン酸ナトリウムなども pH を一定に保つうえで重要です．重炭酸緩衝溶液は，溶液中で次の平衡が成立しています．

$$H_2O + CO_2 \rightleftharpoons H_2CO_3 \rightleftharpoons H^+ + HCO_3^-$$

ここに酸を加えるとHCO_3^-がH_2CO_3へ戻ります．また，塩基を加えると，H_2CO_3が反応してHCO_3^-になります．このため，ほとんど水素イオン濃度は上がりません．

実験してみよう！

クエン酸と重曹の反応

　クエン酸は，炭酸水素ナトリウム（重曹）と反応して二酸化炭素を発生します．一定量のクエン酸に重曹を加えていくと，どれだけの二酸化炭素が発生するのでしょうか？ 反応前後の容器の質量を比較することで，発生した二酸化炭素の質量を求めることができますが，少し工夫が必要です．

準 備

プラスチックカップ3個，かきまぜ棒，スプーン，薬包紙（10 cm 四方のコピー用紙），タオルペーパー，キッチンスケール（0.1 g まで秤量できるもの），クエン酸，炭酸水素ナトリウム

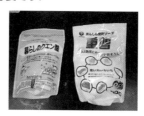

方 法

❶ プラスチックカップに水道水を半分くらい入れ，質量を測定します．

❷ クエン酸 6.0 g をはかりとり，プラスチックカップに入れ，溶解させます．

❸ 炭酸水素ナトリウムを 1.0 g はかりとり，プラスチックカップに少しずつ加えましょう．入れ終わった後，かきまぜ棒でゆっくりかき混ぜます．完全に発泡がおさまるのを待つのは難しいので，発泡が大体おさまり，透明な溶液になったら終了としましょう．

❹ プラスチックカップの質量を測定します．発生した二酸化炭素の質量は，
（操作❷で測定した質量）＋（炭酸水素ナトリウム 1.0 g）－（操作❹で測定した質量）
で求められます．

❺ 炭酸水素ナトリウムの質量を 2.0，3.0，4.0，5.0，6.0 g へとそれぞれ変えて，手順❶から同様に実験しましょう．

結 果

　実験データをグラフにまとめてみましょう．参考までに，実験結果の例を紹介します．

クエン酸の質量と発生する二酸化炭素の関係

クエン酸（g）	0	2.0	4.0	5.0	6.0	8.0	10
発生した二酸化炭素（g）	0	1.0	2.1	2.7	2.9	2.9	2.9

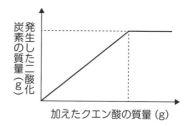

考 察

　グラフを描いて，クエン酸 6.0 g とちょうど反応する炭酸水素ナトリウムの質量を求めてみましょう．ところで，この反応は吸熱反応であるため，プラスチックカップを触ると冷たくなっていると思います．手のひらにクエン酸と炭酸水素ナトリウムの粉末をのせ，水で湿らせてみましょう．

第6章 章末問題

① 酸と塩基に関する次の記述について正誤を判断し，正しければ○，誤っていれば×を記しなさい.

① 酸や塩基の電離度は濃度によらない.
② 1.0×10^{-2} mol/L の硫酸中の水素イオン濃度は1.0×10^{-2} mol/L である.
③ 1.0×10^{-4} mol/L の塩酸を水で 10^4 倍に薄めると，pH は 8 になる.
④ 塩化水素を水に溶かすと，オキソニウムイオンが生成する.
⑤ 濃いアンモニア水の中では，アンモニアの大部分がアンモニウムイオンになっている.
⑥ 酸性が強いほど，pH の値が大きい.
⑦ 硫酸は水溶液中で酢酸より電離しやすいので，硫酸は酢酸より強い酸である.
⑧ 酢酸ナトリウム水溶液は弱酸性である.
⑨ 酸を塩基で中和滴定するとき，中和点でその溶液は必ず中性となる.
⑩ 硫酸アンモニウム水溶液は弱酸性である.

② 中和反応の量的関係に関する以下の問題に答えなさい.

a. 塩化水素 0.5 mol と完全に反応する水酸化バリウムは何 mol か.
b. 硫酸 0.2 mol と完全に反応する水酸化ナトリウムは何 mol か.
c. アンモニア0.3 mol と完全に反応する硝酸は何 mol か.
d. 0.20 mol/L 塩酸 80 mL と完全に反応する 0.050 mol/L 水酸化カリウム水溶液の体積を求めなさい.
e. 濃度不明の硫酸 20 mL と完全に反応する 0.010 mol/L 水酸化バリウム水溶液の体積は 80 mL であった. 硫酸のモル濃度を求めなさい.
f. 濃度不明の酢酸 20 mL と完全に反応する 0.025 mol/L 水酸化ナトリウム水溶液の体積は 40 mL であった. 酢酸のモル濃度を求めなさい.

③ 前問の a 〜 f について，それぞれの反応の化学反応式を記しなさい.

④ 次の水溶液の pH を求めなさい. e 〜 g については，$\log_{10} 2 = 0.30$，$\log_{10} 3 = 0.48$ を使用し，小数点以下第 2 位まで答えなさい.

a. 0.001 mol/L 塩酸   b. 0.05 mol/L 硫酸   c. 0.01 mol/L 酢酸（$\alpha = 0.01$）
d. 0.01 mol/L 水酸化ナトリウム水溶液   e. 0.02 mol/L 塩酸   f. 0.030 mol/L 硫酸
g. 0.020 mol/L アンモニア水（$\alpha = 0.010$）

⑤ 水酸化カリウムと塩化カリウムとの混合物 10 g を純水に溶かした. この溶液を中和するのに，2.5 mol/L の硫酸 10 mL を要した. もとの混合物は，水酸化カリウムを質量で何 % 含んでいたか，整数で求めなさい.

⑥ 次の塩について，水に溶かしたときに中性を示さないものをすべて選びなさい.

ア NaCl   イ $NaHCO_3$ ウ $NaNO_3$ エ NH_4Cl

酸化還元と電池・電気分解

地球には酸素があり，たくさんの生命であふれています．酸素は私たちの呼吸に必要な単体の酸素 O_2 のほか，水 H_2O ，二酸化炭素 CO_2 や金属の酸化物など，さまざまな化合物に含まれています．

なかでも，金属の酸化物から金属の単体を取り出す技術は，文明の初期における発展の度合いを表す尺度としても使われています．

酸素のかかわる反応だけでなく，さまざまな反応について電子の受け渡しという視点から考察しましょう．

● キーワード
酸化，還元，酸化数，酸化剤，還元剤，酸化還元滴定，金属のイオン化傾向，電池，電気分解

第 1 節 酸化と還元

酸化・還元の例

銅粉を空気中で熱すると，銅は空気中の酸素と化合して黒色の酸化銅（Ⅱ）CuO になります．このように，物質が酸素と反応することを酸化といい，銅は酸化されています．

$$2\boxed{Cu} + O_2 \longrightarrow 2\boxed{Cu}O$$
酸化された

また，得られた酸化銅（Ⅱ）と炭素粉末をよく混ぜて加熱すると，酸化銅（Ⅱ）はもとの銅に戻ります．

$$2\boxed{Cu}O + C \longrightarrow 2\boxed{Cu} + CO_2$$
還元された　　酸化された

物質から酸素が失われる反応を還元といい，酸化銅（Ⅱ）は還元されたことになります．一方，炭素 C は酸化されて二酸化炭素になります．一般に，酸化と還元は同時に起き，このような反応を酸化還元反応といいます．

酸化・還元と電子のやりとり

銅の酸化を電子のやりとりで考えてみましょう．

$$2Cu + O_2 \longrightarrow 2CuO$$

銅は酸化されて銅（Ⅱ）イオン Cu^{2+} に，酸素は還元されて酸化物イオン O^{2-} になっています．

$$2Cu \longrightarrow 2Cu^{2+} + \boxed{4e^-}$$

$$O_2 + \boxed{4e^-} \longrightarrow 2O^{2-}$$

銅の酸化はおだやかですが，マグネシウムは，激しい光を出しながら酸素と反応します（図7-1）．

図7-1　マグネシウムの酸化

このように，酸化還元反応が起こると，物質の間で電子のやりとりが起きます．そこで，電子の移動に着目して酸化・還元を定義すると，さまざまな酸化還元反応を考えるときに便利です．

ある物質が電子を失ったとき，その物質は酸化されたといいます．また，ある物質が電子を受け取ったとき，その物質は還元されたといいます．

酸化数

酸化還元反応は数多く知られています．反応の前後で原子やイオンが酸化されたか還元されたかを考えるとき，酸化数という数値の変化をもとに判断すると容易に見分けることができます．酸化数は，次の5つのルールで決められます．

Point 1 単体の酸化数は0とする

例 $\underset{0}{Cu}$　$\underset{0}{Ag}$　$\underset{0}{C}$　$\underset{0}{O_2}$　$\underset{0}{Cl_2}$

上記の例では銅 Cu の酸化数は0，酸素分子中の酸素の酸化数は0です．酸化数は原子（やイオン）1つずつに割り当てることができます．

Point 2 通常，化合物中の酸素の酸化数は −2，水素の酸化数は +1 とする

例 $\underset{+1\ -2}{H_2O}$　$\underset{+1}{H}\underset{-2}{Cl}$　$Cu\underset{-2}{O}$　$C\underset{-2}{O_2}$

例のように，水 H_2O では，H の酸化数は +1，O の酸化数は −2 です．

Point 3 化合物を構成する成分原子の酸化数の総和は0とする

例 H_2Oでは　$+1 \times 2 + (-2) = 0$
　　NH_3では　$x + (+1) \times 3 = 0$

---

point 3 を利用して，アンモニア NH_3 における窒素の酸化数 x を −3 と求めることができます．

Point 4 単原子イオンの酸化数は，そのイオンの価数をあてはめる

例 $\underset{+1}{Na^+}$　$\underset{+2}{Ca^{2+}}$　$\underset{-1}{Cl^-}$　$\underset{-2}{O^{2-}}$

イオンの酸化数は周期表の場所からも推測できます．たとえば，ナトリウムは1族の元素なので，イオンになると1個の電子が奪われ Na^+ になり，酸化数は +1 です．

Point 5 多原子イオンの中の元素の酸化数の総和は，そのイオンの価数に等しい

例　NO_3^- では　$x + (-2) \times 3 = -1$
　　NH_4^+ では　$y + (+1) \times 4 = +1$

---

point 5 を利用して，硝酸イオンの窒素の酸化数 x は +5，アンモニウムイオンの窒素の酸化数 y は −3 と求めることができます．

酸化数の変化と酸化・還元

化学反応の前後で，ある元素（またはその元素を含む化合物）の酸化数が増加したときには，その元素は酸化されたといい，酸化数が減少したときには，その元素は還元されたといいます（表7-1）．

表7-1　**酸化還元反応の仕組み**

	酸化（される）	還元（される）
酸　素	化合する	失　う
水　素	失　う	化合する
電　子	失　う	受け取る
酸化数	増　加	減　少

　たとえば，マグネシウムと塩酸の反応では，Mg の酸化数は 0 から +2 に増加しているので Mg は酸化されていることになります．また，H の酸化数は +1 から 0 になっているので，H は還元されています．Cl は反応前後で酸化数は −1 のまま変化していないので，酸化も還元もされていない（反応に関与せず，変化していない）ということがわかります．

$$\underset{0}{Mg} + 2\underset{+1}{H}\underset{-1}{Cl} \longrightarrow \underset{0}{H_2} + \underset{+2}{Mg}\underset{-1}{Cl_2}$$

　酸化還元反応では酸化数の変化がみられます．一方，塩酸 HCl と水酸化ナトリウム NaOH の中和反応では，酸化数が変化していないため，酸化還元反応ではありません（表7-1）．

$$\underset{+1}{H}\ \underset{-1}{Cl} + \underset{+1}{Na}\ \underset{-2}{O}\ \underset{+1}{H} \longrightarrow \underset{+1}{Na}\ \underset{-1}{Cl} + \underset{+1}{H_2}\underset{-2}{O}$$

酸化還元反応ではない！

酸化剤と還元剤

　ほかの物質を酸化することができる物質を酸化剤とい

い，還元することができる物質を還元剤といいます（少し紛らわしいですね）．

　酸化剤は相手の物質を酸化すると同時に，自分自身は還元されます．

　還元剤は相手の物質を還元すると同時に，自分自身は酸化されます．

　硫化水素 H_2S の水溶液に二酸化硫黄 SO_2 の水溶液を加えると白濁します．硫黄の酸化数に注目すると，酸化剤は SO_2 で還元剤は H_2S です（表7-1 では，「酸素を失う」，「水素を失う」に対応しているので確認してみましょう）．

$$2\underset{-2}{H_2S} + \underset{+4}{S}O_2 \longrightarrow 3\underset{0}{S} + 2H_2O$$

　この化学反応式を自力で書くことはなかなか難しいことです．そこで，化合物ごとに，変化の様子や，電子の受け渡しを表した化学反応式が作られています（表7-2）．この化学反応式のことを，e^- を含む化学反応式，あるいは，半反応式といいます．

表7-2　**酸化剤と還元剤の反応**

酸化剤		還元剤	
化合物	半反応式	化合物	半反応式
過酸化水素 H_2O_2	$\underset{-1}{H_2O_2} + 2H^+ + 2e^- \longrightarrow 2\underset{-2}{H_2O}$	硫化水素 H_2S	$\underset{-2}{H_2S} \longrightarrow \underset{0}{S} + 2H^+ + 2e^-$
過マンガン酸カリウム $KMnO_4$	$\underset{+7}{Mn}O_4^- + 8H^+ + 5e^- \longrightarrow \underset{+2}{Mn}^{2+} + 4H_2O$	過酸化水素 H_2O_2	$\underset{-1}{H_2O_2} \longrightarrow \underset{0}{O_2} + 2H^+ + 2e^-$
硝　酸 HNO_3	$\underset{+5}{H}NO_3(濃) + H^+ + e^- \longrightarrow \underset{+4}{N}O_2 + H_2O$ $\underset{+5}{H}NO_3(希) + 3H^+ + 3e^- \longrightarrow \underset{+2}{N}O + 2H_2O$	二酸化硫黄 SO_2	$\underset{+4}{S}O_2 + 2H_2O \longrightarrow \underset{+6}{S}O_4^{2-} + 4H^+ + 2e^-$
熱濃硫酸 H_2SO_4	$\underset{+6}{H_2S}O_4 + 2H^+ + 2e^- \longrightarrow \underset{+4}{S}O_2 + 2H_2O$	シュウ酸 $H_2C_2O_4$	$\underset{+3}{H_2C_2O_4} \longrightarrow 2\underset{+4}{C}O_2 + 2H^+ + 2e^-$
二酸化硫黄 SO_2	$\underset{+4}{S}O_2 + 4H^+ + 4e^- \longrightarrow \underset{0}{S} + 2H_2O$	ヨウ化カリウム KI	$2\underset{-1}{I}^- \longrightarrow \underset{0}{I_2} + 2e^-$
塩　素 Cl_2	$\underset{0}{Cl_2} + 2e^- \longrightarrow 2\underset{-1}{Cl}^-$	チオ硫酸ナトリウム $Na_2S_2O_3$	$2S_2O_3^{2-} \longrightarrow S_4O_6^{2-} + 2e^-$

酸化剤と還元剤の変化

二酸化硫黄 SO_2 が硫黄になる式，硫化水素 H_2S が硫黄になる式を表7-2から選ぶと，①，②式が当てはまります．

$$SO_2 + 4H^+ + 4e^- \longrightarrow S + 2H_2O \qquad ①$$
$$H_2S \longrightarrow S + 2H^+ + 2e^- \qquad ②$$

①では，SO_2 は電子 e^- を受け取っているので還元されたことになり，SO_2 は酸化剤です．②式では，H_2S はSになる際に電子を放出しているので，酸化されており，H_2S は還元剤です．なお，①＋②×2として両辺の e^-，H^+ を整理すれば化学反応式が得られます．

$$2H_2S + SO_2 \longrightarrow 3S + 2H_2O$$

また硫酸で酸性にした過酸化水素 H_2O_2 水にヨウ化カリウム KI 水溶液を加えると，褐色のヨウ素が生成します．この反応を表す e^- を含む化学反応式は，

$$2I^- \longrightarrow I_2 + 2e^- \qquad ③$$
$$H_2O_2 + 2H^+ + 2e^- \longrightarrow 2H_2O \qquad ④$$

となり，ヨウ素が生成することがわかります．
③＋④で，両辺の e^- を消去すると

$$H_2O_2 + 2H^+ + 2I^- \longrightarrow I_2 + 2H_2O \qquad ⑤$$

K^+ を2個と，硫酸イオン SO_4^{2-} を両辺に足して，

$$H_2O_2 + H_2SO_4 + 2KI \longrightarrow I_2 + 2H_2O + K_2SO_4 \qquad ⑥$$

となります．化学反応式は⑥式のようになりますが，③，④式だけでも反応の量的関係がわかります．

第2節 酸化還元反応の量的関係

電子の受け渡し

硫化水素と二酸化硫黄が反応して硫黄になるとき，H_2S の1 mol が反応するのに，SO_2 は何mol 必要なのでしょうか？ 還元剤が出す電子と酸化剤が受け取る電子が等しいことに注目します．

まず，H_2S の1 mol が反応すると電子 e^- は2 mol 発生します．この e^- を含む化学反応式は表7-2を利用します．

$$H_2S \longrightarrow S + 2H^+ + 2e^- \qquad ①$$
$$\text{1 mol} \quad \text{1 mol} \qquad \text{2 mol}$$

この電子2 mol を SO_2 が受け取ります．

$$SO_2 + 4H^+ + 4e^- \longrightarrow S + 2H_2O \qquad ②$$
$$\text{0.5 mol} \qquad \text{2 mol} \qquad \text{0.5 mol}$$

つまり，②式から SO_2 は0.5 mol 反応します．
ちなみに，このとき硫黄Sはどれだけ生成するで

しょうか？ ②式から0.5 mol，①式から1 mol，合わせて1.5 mol 生成することが化学反応式を立てずともわかります．

いくつか例をあげながら考えてみましょう．

練習問題

【問1】
SO_2 の1 mol と反応するヨウ素 I_2 は何 mol か？

【解答】
それぞれの e^- を含む反応式から考えます．

$$SO_2 + 2H_2O \longrightarrow SO_4^{2-} + 4H^+ + 2e^- \qquad ③$$
$$\text{1 mol} \qquad\qquad\qquad\qquad \text{2 mol}$$

$$I_2 + 2e^- \longrightarrow 2I^- \qquad ④$$
$$\text{1 mol} \quad \text{2 mol}$$

I_2 は1 mol 反応します．なお，SO_2 の反応式は②式とは

異なります．これは，I_2 は ④式の反応式のとおり電子を
受け取っているので，SO_2 は電子を出す側に回ったと考え
るとわかりやすいでしょう．

【問2】
　　チオ硫酸ナトリウム $Na_2S_2O_3$ の 1 mol と反応するヨウ
素 I_2 は何 mol か？

【解答】
　それぞれの e^- を含む化学反応式から求めます．

$$2S_2O_3^{2-} \longrightarrow S_4O_6^{2-} + 2e^- \qquad ⑤$$
　1 mol　　　　　　　　1 mol
$$I_2 + 2e^- \longrightarrow 2I^- \qquad ④$$
0.5 mol　1 mol

　したがって，I_2 は 0.5 mol 反応します．

酸化還元滴定

　濃度のわかっている過マンガン酸カリウム $KMnO_4$ 水
溶液を利用して，他の溶液の濃度を求めることができま
す．このような操作を酸化還元滴定といいます．
　硫酸酸性下で，過酸化水素 H_2O_2 は過マンガン酸カリ
ウムと反応します．

$$H_2O_2 \longrightarrow O_2 + 2H^+ + 2e^-$$
$$MnO_4^- + 8H^+ + 5e^- \longrightarrow Mn^{2+} + 4H_2O$$

　濃度不明の過酸化水素水についてモル濃度を求めてみ
ましょう．

【実　験】
① 濃度不明の過酸化水素水 10 mL をホールピペット
　で取り，100 mL コニカルビーカーに入れます．こ
　こに，6 mol/L 硫酸 1 mL を加えます．
② ビュレットに，濃度 2.00×10^{-2} mol/L の過マンガ
　ン酸カリウム水溶液を注ぎます．
③ ビュレットから過マンガン酸カリウム水溶液を少
　しずつ滴下します．過マンガン酸イオンの赤紫色
　が消えなくなったところを終点とします．滴定を
　3 回行い，平均値をとると，13.8 mL 要しました
　（図7-2）．

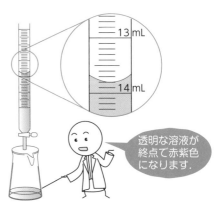

透明な溶液が
終点で赤紫色
になります．

図7-2　滴定のようす

【結　果】
　過酸化水素水の濃度を x mol/L とすると，「過酸化水
素が与えた電子の物質量＝過マンガン酸カリウムが受け
取った電子の物質量」の式を立て，

$$x \times \frac{10}{1000} \times 2 = 2.00 \times 10^{-2} \times \frac{13.8}{1000} \times 5$$

$$x = 6.90 \times 10^{-2} \text{ mol/L}$$

以上のように求められます．

第3節　金属のイオン化傾向

金属と酸の反応

亜鉛板を酸の水溶液に浸すと，亜鉛はイオンになって溶け出し，水素が発生します．

$$Zn + 2HCl \longrightarrow ZnCl_2 + H_2$$

このとき，亜鉛 Zn が酸化されて亜鉛（Ⅱ）イオン Zn^{2+} になり，その電子を溶液中の水素イオン H^+ が受け取って水素 H_2 を生じます．

$$Zn \longrightarrow Zn^{2+} + 2e^-$$
$$2H^+ + 2e^- \longrightarrow H_2$$

一方，ナトリウム Na の単体（金属ナトリウム）は，水に入れるだけで激しく反応して水素を発生します（図7-3）．

$$2Na + 2H_2O \longrightarrow 2NaOH + H_2$$

金属ナトリウムと水　　　マグネシウムと塩酸
図7-3　金属の反応の比較
左の図はしめらせたろ紙の上で，Na 片が炎を上げて動きまわっています．

このように，金属を反応性の順に並べたものを**金属のイオン化傾向**といいます．また，この並び方を**イオン化列**といいます（表7-3）．

なお，銅 Cu や銀 Ag は，希塩酸や希硫酸とは反応しませんが，希硝酸，濃硝酸や加熱した濃硫酸とは表7-3のように反応し，水素でなく，NO，NO_2，SO_2 などを生じます．また，白金 Pt や金 Au は王水（濃塩酸：濃硝酸＝3：1の混合液）に溶解します．

表7-3　金属の反応性

イオン化列	水との反応	酸との反応	常温の空気との反応性
Na	常温で反応する	塩酸や希硫酸に溶けて水素を発生する	すみやかに酸化される
Mg	高温水蒸気と反応する		ゆっくりと酸化される
Al			
Zn			
Fe			
Pb	反応しない		
Cu		硝酸や熱濃硫酸には溶ける	酸化されない
Ag			
Pt		王水にだけ溶ける	
Au			

金属のイオン化傾向の大小

硫酸銅（Ⅱ）水溶液にスチールウールを入れると，銅（Ⅱ）イオンの青色が薄くなり，その表面に銅が析出してきます．したがって，鉄は銅よりも陽イオンになりやすいといえます．

$$Cu^{2+} + Fe \longrightarrow Cu + Fe^{2+}$$

イオン化傾向を利用すると，どの組み合わせで反応が起きるかが予測できます．金属イオンを含む水溶液に，それよりイオン化傾向の大きい金属を入れると，イオン化傾向の大きい金属が陽イオンになって溶け，イオン化傾向の小さい金属が析出します（図7-4）．

図7-4　銅（Ⅱ）イオンと鉄との反応
スチールタワシを $CuSO_4$ 水溶液に浸すと液体が無色になります．

第4節 電池と電気分解

電池とは

　酸化還元反応で発生するエネルギーを，電気エネルギーの形で取り出す仕組みを電池といいます．電池では，電子を発生する反応と電子を受け取る反応を行わせ，その間を導線で結び，電子の流れとして仕事を取り出しています．

　極板で酸化される反応（電子を放出する）が起きる側を電池の負極とします．一方，極板で還元される反応（電子を受け取る）が起きる側を正極とします．

　図7-5はイギリスのダニエルが1836年頃に発明した電池のモデルです．ダニエル電池は，以下のような構造をしており，両溶液の間は素焼き板あるいはセロハン（半透膜）で隔てられています．

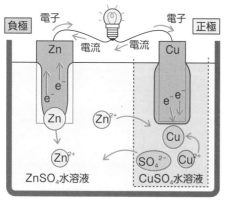

図7-5　ダニエル電池のモデル
Znの極板は細くなり，Cuの極板は太くなります．

　極板での反応と電池の構成は次のように表されます．

ダニエル電池

電池の式

$$(-)\ Zn\ |\ ZnSO_4aq\ |\ CuSO_4aq\ |\ Cu\ (+)$$

負極　$Zn \longrightarrow Zn^{2+} + 2e^-$

正極　$Cu^{2+} + 2e^- \longrightarrow Cu$

　ダニエル電池の起電力は1.1 V程度であるため，日常生活の中では実用的とはいえません．

鉛蓄電池

　鉛蓄電池とは，比重約1.25の希硫酸に，鉛Pbの極（負極）と二酸化鉛PbO_2（酸化鉛（IV））の極（正極）を用いた電池です（図7-6）．

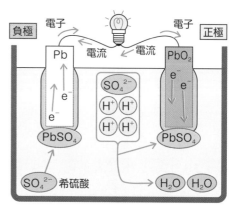

図7-6　鉛蓄電池のモデル

鉛蓄電池

電池の式

$$(-)\ Pb\ |\ H_2SO_4aq\ |\ PbO_2\ (+)$$

負極　$Pb + SO_4^{2-} \longrightarrow PbSO_4 + 2e^-$

正極　$PbO_2 + 4H^+ + SO_4^{2-} + 2e^-$
$$\longrightarrow PbSO_4 + 2H_2O$$

　放電により，両極とも水に溶けにくい白色の$PbSO_4$で次第に覆われてきます．ある程度放電した鉛蓄電池を電源に接続し，放電のときとは逆向きに電流を流すと，逆向きの反応が進行し，もとの鉛蓄電池に戻ります．この操作を充電といいます．

　放電・充電のときの両極の変化をまとめて表すと次のようになります．

$$\underset{\text{(負極)}}{\text{Pb}} + \underset{\text{(正極)}}{\text{PbO}_2} + 2\text{H}_2\text{SO}_4 \underset{\text{充電}}{\overset{\text{放電}}{\rightleftharpoons}} \underset{\text{(負極と正極)}}{2\text{PbSO}_4 + 2\text{H}_2\text{O}}$$

鉛蓄電池の起電力は約 2.0 V です．充電によって元の起電力を回復できる電池のことを二次電池といいます．自動車のバッテリーは 12 V で，鉛蓄電池6個がケースの中で直列に接続されたものです．

日常生活で使われる電池

マンガン乾電池

マンガン乾電池は，亜鉛が酸化され，二酸化マンガンが還元されるときに放出される化学エネルギーを電気エネルギーとして取り出しています．起電力約 1.5 V で，日常的に最も広く使われている電池の一つです．マンガン乾電池のように，充電できない電池を一次電池といいます．

$$(-)\ \text{Zn} \mid \text{ZnCl}_2\text{aq} \mid \text{MnO}_2 \cdot \text{C}\ (+)$$

酸化銀電池

酸化銀電池は起電力約 1.5 V で，安定して長時間作動します．小型のボタン電池として，時計や電卓などで使われる一次電池です．

$$(-)\ \text{Zn} \mid \text{KOHaq} \mid \text{Ag}_2\text{O}\ (+)$$

リチウムイオン電池

リチウムイオン蓄電池は，起電力約 3.6 V で，軽量でエネルギー密度が高いことから，携帯電話やノートパソコンなどの機器や電気自動車などに搭載される二次電池です．

$$(-)\ \text{C} \mid \text{LiBF}_4 \cdot \text{有機溶媒} \mid \text{LiCoO}_2\ (+)$$

電気分解（電解）

電解質の水溶液に2本の炭素棒を離して浸し，これらの炭素棒を電池（直流電源）の正極と負極にそれぞれつなぎます．

水溶液中の陰イオンは，電池の正極につないだ炭素電極（陽極）へ電子を与えます．また，水溶液中の陽イオンは，電池の負極につないだ炭素電極（陰極）から電子を受け取ります．これを電気分解（電解）といい，電池からもたらされた電気エネルギーが，電子を動かす駆動力となっています．

電気分解のとき，陽極では酸化反応が，陰極では還元反応が起こります．

塩酸 HCl の電気分解では，陰極からは水素が，陽極極からは塩素が発生します．

塩酸の電気分解

陰極　$2\text{H}^+ + 2\text{e}^- \longrightarrow \text{H}_2$

陽極　$2\text{Cl}^- \longrightarrow \text{Cl}_2 + 2\text{e}^-$

溶液や電極の種類によってさまざまな反応が進行します．その概要は図7-7のようになります．なお，溶液の濃度や電圧によっては他の反応が進行する場合があります．

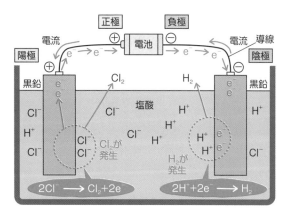

図7-7　塩酸の電気分解

◀ **電気分解時の各極板の反応** ▶

陰極の反応（電子を受け取る）

　還元されやすさはAg^+・Cu^{2+}＞（H^+）＞Na^+です.
そのため, Ag^+, Cu^{2+} のような重金属イオンが存在するときは, それらが析出します.

$$Cu^{2+} + 2e^- \longrightarrow Cu$$

　それ以外の場合は, H^+ または水 H_2O が反応して水素 H_2 が発生します.

$$2H^+ + 2e^- \longrightarrow H_2$$
$$(2H_2O + 2e^- \longrightarrow H_2 + 2OH^-)$$

　Na^+ や Mg^{2+} のようなイオン化傾向の高い金属イオンはふつう還元されることはありません.

陽極の反応（電子を与える）

① 電極が白金 Pt, 炭素 C 以外の場合

　電極が溶解します. たとえば, 銅電極では次の反応が起こります.

$$Cu \longrightarrow Cu^{2+} + 2e^-$$

② 電極が Pt, C などの場合

　ハロゲンのイオンが存在する場合は, 単体となります. たとえば, 塩化物イオンの場合,

$$2Cl^- \longrightarrow Cl_2 + 2e^-$$

　それ以外の場合は, OH^- または水 H_2O が反応して酸素 O_2 が発生します.

$$4OH^- \longrightarrow O_2 + 2H_2O + 4e^-$$
$$(2H_2O \longrightarrow O_2 + 4H^+ + 4e^-)$$

　硫酸イオン SO_4^{2-}, 硝酸イオン NO_3^- は反応しません.

＼応用編！／
ワンポイント化学講座

自己検査用血糖値測定機器

　酸化還元反応を利用して血液中のブドウ糖の濃度を測定する機械があります. この機械は, グルコースオキシダーゼという酵素が血液中のブドウ糖（グルコース）をグルコン酸にする反応を利用しており, このときに発生する電流を測定して, その量をグルコース濃度に換算します. 酸化還元で起こる電子の移動を利用して, 小さな電極で血中のグルコース濃度を簡便に測定するので, 数秒で結果が出ます. また, 指先から取る少量の血液で測定でき, 糖尿病の患者さんにとっては自分自身の血糖値のコントロールになくてはならない機械になっています.

61

犯人は誰だ！残された指紋を探せ！

うがい薬はヨウ素を含みます．ヨウ素は脂肪分に溶けやすいことから，指紋の検出に利用できます．うがい薬を使って，紙についた自分の指紋を見てみましょう！

準 備
うがい薬（イソジン® うがい薬など），コピー用紙，割りばし，空き缶，缶切り，ホットプレート

方 法
❶ 空き缶を用意し，缶切りでふたを切り抜きます．
❷ コピー用紙を用意し，短冊を作りましょう．短冊の幅は約 2 センチ，長さは空き缶の高さより少し長くなるようにします．
❸ 短冊の一方の端に指を力強く 30 秒以上押し付け，指紋をつけましょう．
❹ 空き缶をホットプレート上にのせ，ダイヤルを 200 ℃にセットして加熱します．
❺ 缶が熱せられたら，イソジン® を 1～2 mL 入れます．
❻ 指紋のついた短冊を割りばしにはさみます．イソジン® の蒸気に 1 分程度さらし，缶から出します．缶が熱くなっているのでやけどしないように！ また，ヨウ素は刺激臭があるので，換気扇をまわしてヨウ素の蒸気が充満しないようにしましょう．指紋がはっきりしない時は❺から繰り返します．

結 果
人間は皮膚を通じて体の中から外へ水分や脂肪分を出しています．指を紙に押し付けると，接触した部分の脂肪分が紙に付着します．気体となったヨウ素が紙に付着した脂肪分に溶けることにより，皮膚の隆起した部分にそって褐色になります．

考 察
手を洗う前後，ポテトチップを食べた後など，いろいろな条件で比較してみると面白いです．デジタルカメラで撮影しておくと良いでしょう．

第7章 章末問題

① 酸化還元反応と関係のないものを，次のうちから一つ選びなさい.

　　ア 酸素を満たした広口ビンのなかで，線香が明るく燃えた.
　　イ 暖房のために石油ストーブを使用した.
　　ウ 銅像の表面がさびて緑色になった.
　　エ 食塩水を放置したところ，結晶が生じた.

② 次の化学反応について，下線部の原子の酸化数の変化を「0 → +1」のように記しなさい.

　　a. $3Cu + 8H\underline{N}O_3 \longrightarrow 3Cu(NO_3)_2 + 4H_2O + 2\underline{N}O$
　　b. $\underline{S}O_2 + I_2 + 2H_2O \longrightarrow H_2\underline{S}O_4 + 2HI$
　　c. $2H_2\underline{S} + SO_2 \longrightarrow 3\underline{S} + 2H_2O$
　　d. $\underline{Mn}O_2 + 4HCl \longrightarrow \underline{Mn}Cl_2 + Cl_2 + 2H_2O$
　　e. $2KMnO_4 + 10K\underline{I} + 8H_2SO_4 \longrightarrow 2MnSO_4 + 5\underline{I}_2 + 8H_2O + 6K_2SO_4$

③ 次の反応の化学反応式を記しなさい. また，それぞれの反応において，硫黄原子の酸化数の変化を「0→+1」のように記しなさい.

　　a. 塩化バリウム水溶液に希硫酸を加えると，硫酸バリウムの沈殿が生成する.
　　b. 硫化水素をヨウ素と反応させると，単体の硫黄が生成する.
　　c. 三酸化硫黄を水に溶かすと，硫酸になる.
　　d. 単体の硫黄を燃やすと，二酸化硫黄が生成する.

④ 0.050 mol/L 硫酸鉄（Ⅱ）$FeSO_4$ 水溶液 20 mL と過不足なく反応する 0.020 mol/L の硫酸酸性過マンガン酸カリウム水溶液の体積は何 mL か求めなさい. なお，この反応により，鉄は鉄（Ⅲ）イオンへと変化するものとする.

⑤ 2% 硝酸銀水溶液が入った 6 個のビーカーに，6 種類の金属の線（亜鉛，金，鉄，銅，鉛，白金）を別々に浸した. 線に銀が析出しない金属の組み合わせとして適当なものを，次のうちから一つ選びなさい.

　　ア 亜鉛と鉄　　イ 亜鉛と銅　　ウ 亜鉛と鉛　　エ 金と銅　　オ 金と白金　　カ 鉛と白金

⑥ 電池と電気分解に関する次の記述について正誤を判断し，正しければ○，誤っていれば×を記しなさい.

　　① ダニエル電池の負極では，$Zn \longrightarrow Zn^{2+} + 2e^-$ の反応が進行する.
　　② ダニエル電池では，負極の亜鉛板の質量変化と，正極の銅板の質量変化は等しい.
　　③ 鉛蓄電池が放電すると，電解液の密度は小さくなる.
　　④ 濃い食塩水の電気分解では，陽極では塩素が発生し，陰極では水素が発生する.
　　⑤ 濃い食塩水を電気分解すると，しだいに溶液の pH は大きくなっていく.

第8章

化学反応と熱

　一般に，化学変化や物理変化が進行すると熱の出入りをともないます．たとえば，台所ではプロパンガスを燃焼させた際に発生した熱で調理をしています．また，氷が融解して水になる際には周囲から熱を奪います．

　熱化学方程式を応用すれば，既知のデータから，ある反応が進行したらどれだけの熱量が発生するかを計算によって求めることができます．本章では，化学反応式を利用して，熱の出入りを表現する方法を学びます．

> **キーワード**　熱化学方程式，発熱反応，吸熱反応，燃焼熱，生成熱，エネルギー図，ヘスの法則，結合エネルギー

第 1 節　反応熱の表現と熱化学方程式

反応熱とは

　化学反応にともなって発生（または吸収）する熱を一般に反応熱といいます．熱を発生する化学反応を発熱反応，周囲から熱を吸収する化学反応を吸熱反応といいます．

　また，三態（固体，液体，気体）の変化や，物質が溶媒に溶ける場合にも熱が出入りします．これら熱の出入りを，物質が潜在的にもつエネルギー量の変化の面から，考えてみましょう．

燃焼熱

　化学反応の中でも，燃焼にともなって発生する反応熱を燃焼熱といいます（表8-1）．

表8-1　**燃焼熱**

物質（状態）	燃焼熱（kJ/mol）
H_2（g）	286
C（黒鉛）	394
CO（g）	284
CH_4（g）	891
C_2H_6（g）	1561
C_3H_8（g）	2220

（日本化学会，化学便覧（基礎編改訂5版）による）

　燃焼熱は物質 1 mol が完全燃焼するときに発生する熱量です．燃焼にともない，二酸化炭素と水が生成しますが，水は液体の水になるものとします．

熱化学方程式

　化学反応式の右辺に反応熱を書き加え，両辺を等号で結んだものを熱化学方程式といいます．

　水素 1 mol と酸素 $\frac{1}{2}$ mol が反応して液体の水 1 mol になり，その際 286 kJ の発熱があったとすると，その熱化学方程式は次のように表されます．

$$H_2\,(g) + \frac{1}{2}O_2\,(g) = H_2O\,(l) + 286kJ$$

　熱化学方程式を考える際の5つのポイントを以下にまとめました．

① 反応熱は物質の状態によって変わるので，物質の状態を記します．気体の場合は（g）または（気），液体の場合は（ℓ）または（液），固体の場合は（s）または（固）とします．また，炭素 C は黒鉛とダイヤモンドでは熱量が異なるので区別します．

② 発熱反応の場合は熱量の値に＋の符号を，吸熱反応

の場合は熱量の値に − の符号をつけます.

③ 熱化学方程式は基準となる物質 1 mol の反応熱を表します. 基準となる物質の係数を 1 とするため, ほかの化合物の係数は分数になることもあります.

④ 反応熱は, ふつう反応前後の温度が 25 ℃, 圧力が 1.013×10^5 Pa の場合の値で表します.

⑤ 熱量の単位は, J (ジュール) が国際単位系の基本単位です. 食品や代謝の熱量を表すときには従来の熱量の単位である cal (カロリー) も使われます.

> **重要!**
>
> 1 cal = 4.184 J　　　1 kcal = 4.184 kJ
>
> 1 g の水の温度を 1 ℃ 上昇させるために必要な熱量は 1 cal です.

図 8-1 にいくつかの化合物について, 燃焼を表す熱化学方程式を記します. 書けるようになっておきましょう.

C (黒鉛) + O_2 (g) = CO_2 (g) + 394 kJ

CH_4 (g) + $2O_2$ (g) = CO_2 (g) + $2H_2O$ (l) + 891 kJ

H_2 (g) + $\frac{1}{2}O_2$ (g) = H_2O (l) + 286 kJ

C (黒鉛) + $2H_2$ (g) = CH_4 (g) + 74.5 kJ

図 8-1　熱化学方程式の例

生成熱

化合物 1 mol が, その成分元素の単体から生成するときの反応熱は, 生成熱と呼ばれます (表 8-2).

表 8-2　生成熱

物質 (状態)	生成熱 (kJ/mol)
H_2O (g)	242
H_2O (l)	286
CO_2 (g)	394
CH_4 (g)	74.5
C_3H_8 (g)	105

エネルギー図とヘスの法則

炭素 C (黒鉛) が燃焼して CO_2 になる反応をエネルギー図で表すと図 8-2 のようになります.

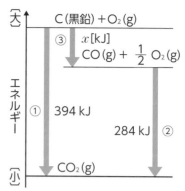

図 8-2　黒鉛が燃焼したときのエネルギー図

個別に反応を見てみましょう. まずは黒鉛 C が燃焼したときの反応です.

$$C (黒鉛) + O_2(g) = CO_2(g) + 394\,kJ \qquad ①$$

一方, 一酸化炭素 CO が CO_2 になるときには 284 kJ 発熱します.

$$CO(g) + \frac{1}{2}O_2(g) = CO_2(g) + 284\,kJ \qquad ②$$

では, C (黒鉛) が CO になる反応で発生する熱 x はどれだけでしょうか?

$$C (黒鉛) + \frac{1}{2}O_2(g) = CO(g) + x\,kJ \qquad ③$$

スイスの化学者ヘス G.H. Hess は 1840 年,「物質が変化する際の反応熱の大きさは, 変化する前と変化した後の物質の状態だけで決まり, 変化の過程にかかわらず一定である」ことを見い出しました. これを, **ヘスの法則** または**総熱量保存の法則**といいます.

熱化学方程式の中の化学式は, その物質に含まれているエネルギーの量も表しているので, 熱化学方程式は代数式と同じように取り扱うことができます. このことを利用して, 未知の反応熱を, 他の反応熱のデータから計算することができます.

したがって, 次式のように求められます.

$$394 = 284 + x$$

したがって, $x = 110\,kJ$

第 2 節 ヘスの法則の応用

◀ メタンの燃焼熱の求め方 ① ▶

　二酸化炭素 CO_2，水 H_2O（液体），メタン CH_4 の生成熱を表す熱化学方程式は次のようになります．

$$C（黒鉛） + O_2（g） = CO_2（g） + 394\,kJ \qquad ①$$
$$H_2（g） + \frac{1}{2}O_2 = H_2O（l） + 286\,kJ \qquad ②$$
$$C（黒鉛） + 2H_2（g） = CH_4（g） + 75\,kJ \qquad ③$$
$$CH_4（g） + 2O_2（g） = CO_2（g） + 2H_2O（l） + Q\,kJ \qquad ④$$

　これらのデータが与えられていて，メタンの燃焼熱 Q を求めるにはどうすればいいでしょうか？

　ここでは，エネルギー図を作図して求めてみましょう．まず，求める④と，メタンの生成熱③を書き込みます（図8-3）．

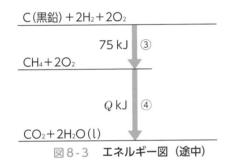

図8-3　エネルギー図（途中）

　③の過程では酸素 O_2 は変化していないので前後にそのまま残します．次に①，②を書き込みます（図8-4）．

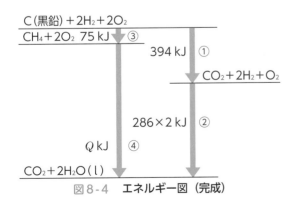

図8-4　エネルギー図（完成）

　水は 2 mol できているので $286×2\,kJ$ となる点に注意しましょう．

　これをもとに方程式を立てると，

$$75 + Q = 286×2 + 394$$
　　したがって，$Q = 891\,kJ$

と求めることができます．

◀ メタンの燃焼熱の求め方 ② ▶

　熱化学方程式は代数式と同じように取り扱うことができるので，①～③から④を導くことができます．

$$CH_4（g） + 2O_2（g） = CO_2（g） + 2H_2O（l） + Q\,kJ \qquad ④$$

　たとえば，④の右辺は「$CO_2（g） + 2H_2O（\ell）$」なので，①＋②×2を行うと，

$$C（黒鉛） + 2O_2（g） + 2H_2（g）$$
$$= CO_2（g） + 2H_2O（l） + (394 + 286 × 2)\,kJ \qquad ⑤$$

となる．次に③×（－1）として，

$$-C（黒鉛） - 2H_2（g） = -CH_4（g） - 75\,kJ \qquad ③'$$

③'式を⑤式に加えて，消去・移項すると，

$$CH_4（g） + 2O_2（g）$$
$$= CO_2（g） + 2H_2O（l） + Q\,kJ \qquad ④$$

　したがって，

$$Q = 394 + 286 × 2 - 75 = 891\,kJ$$

このように方法 1 と同様に求めることができます．

その他の反応熱

蒸発熱

液体の物質1molが気体に状態変化するときには，熱を吸収します．

$$H_2O(g) = H_2O(l) + 44.0\,kJ$$

溶解熱

物質1molが多量の水に溶けるときに発生または吸収する熱のことです．

$$KNO_3(s) + aq = K^+aq + NO_3^-aq - 44.5\,kJ$$

aqは多量の水を表しています．硝酸カリウムを水に溶かすと水が冷たくなります（図8-5）．

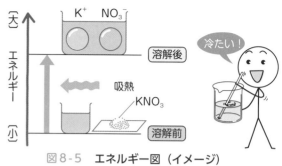

図8-5 エネルギー図（イメージ）

中和熱

酸の水溶液と塩基の水溶液が反応して水1molができるときの反応熱のことです．

$$HClaq + NaOHaq = NaClaq + H_2O(l) + 56.4\,kJ$$

第3節 結合エネルギー

結合エネルギーとは

共有結合している原子同士を引き離すのに必要なエネルギーを結合エネルギーといい，共有結合1mol当たりの熱量で表されます．

たとえば，水素分子の結合エネルギーは432 kJ/molで，2個の水素原子を引き離すときの熱化学方程式は次のようになります．

$$H_2(g) = 2H(g) - 432\,kJ$$

表8-3は代表的な結合エネルギーの値です．一般に，結合エネルギーが大きいほど強くて安定な結合ということができます．

同様に，塩素分子，塩化水素分子が，それぞれ原子になるときの熱化学方程式は次のようになります．

$$Cl_2(g) = 2Cl(g) - 239\,kJ$$
$$HCl\,(g) = H\,(g) + Cl\,(g) - 428\,kJ$$

表8-3 結合エネルギー

結　合	結合エネルギー (kJ/mol)
H−H	432
H−Cl	428
N−H	386
C−C(C₂H₆)	366
C−H	411
C=O	799
Cl−Cl	239
O−H	459
O=O	494
N≡N	942

ヘスの法則を用いると，反応物と生成物が気体の場合，切れた結合と新たにできた結合エネルギーの差から，近似的な反応熱を求めることができます．

重要！

反応熱 ＝ 生成物の結合エネルギーの総和
　　　　 − 反応物の結合エネルギーの総和

たとえば，水素 1 mol と塩素 1 mol から塩化水素 2 mol が生成するときの反応熱を x（kJ/mol）とすると，その関係は図8-6のようになります．

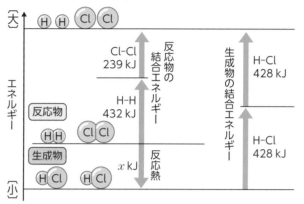

図8-6　HClに関するエネルギー図

図8-6より，x は次のように求まります．

$$H_2(g) + Cl_2(g) = 2HCl(g) + x\ kJ$$
$$x = 2 \times 428 - (432 + 239) = 185\ kJ/mol$$

アンモニアの合成

もう少し複雑な分子で練習してみましょう．

次は，アンモニアの生成熱を求めます．反応に関係する熱化学方程式は，次の3つの式です．

$$H_2(g) \quad = 2H(g) - 432\ kJ \qquad ①$$
$$N_2(g) \quad = 2N(g) - 942\ kJ \qquad ②$$
$$NH_3(g) = N(g) + 3H(g) - 1158\ kJ \qquad ③$$

窒素 N_2 は三重結合をもつため，それを切断するためには大きなエネルギーが必要になります．③式では，アンモニア NH_3 分子は N–H 単結合を3つもつので，右辺の熱量は $-386 \times 3\ kJ$ となっています．

アンモニアの生成熱 Q を表す熱化学方程式は，次式のようになります．

$$\frac{1}{2}N_2(g) + \frac{3}{2}H_2(g) = NH_3(g) + Q\ kJ \qquad ④$$

化学式の部分が消去され，Q の一次方程式になればよいので，次のように求められます．

$$\frac{1}{2}\cancel{N_2(g)} + \frac{3}{2}\cancel{H_2(g)} = \cancel{NH_3(g)} + Q\ kJ \qquad ④$$
$$\cancel{N(g)} - 942 \times \frac{1}{2}\ kJ = \frac{1}{2}\cancel{N_2(g)} \qquad ② \times \frac{1}{2}$$
$$\cancel{3H(g)} - 432 \times \frac{3}{2}\ kJ = \frac{3}{2}\cancel{H_2(g)} \qquad ① \times \frac{3}{2}$$
$$\cancel{NH_3(g)} = \cancel{N(g)} + \cancel{3H(g)} - 1158\ kJ \quad ③$$

$$-471\ kJ - 648\ kJ$$
$$= Q - 1158\ kJ$$
したがって，$Q = 39\ kJ$

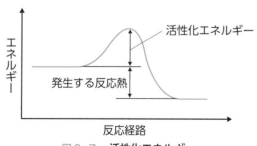

両辺から化学式が消えてQの一次方程式になればOK

よって，アンモニアの生成熱は 39 kJ/mol です．

燃焼反応の始まるきっかけ

石油ストーブは灯油を燃料とします．灯油を持ち運ぶ際，また，燃料タンクに注ぐ際は空気中の酸素と触れているにもかかわらず燃焼反応は起こりません．燃焼が始まるには，マッチで点火するか，放電の火花が必要です．

反応を開始するために必要なエネルギーを活性化エネルギーといいます．図8-7は発熱反応のエネルギー変化の模式図です．横軸は反応の過程を表しており，山を乗り越えることができれば反応が進み燃焼熱が放出されることを表しています．

図8-7　活性化エネルギー

　常温ではこの峠を越せる分子の数はゼロですが，マッチの炎の温度なら，その確率も増加し，峠を超す分子の数は多くなります．火をつけることによって，分子の振動を活発化させているわけです．反応熱で発生する熱は他の分子に与えられ，それは，燃焼反応の活性化エネルギーより大きいため，反応は自動的に進みます．これを連鎖反応（れんさはんのう）といいます．

STEP UP　熱力学とは

　熱力学というとなんだか物理学の話のように思われがちです．実際に，高校過程では物理の範囲に含まれます．分子や原子の運動が熱の正体だという見かたから，気体の体積と圧力と熱（温度）の関係を学んでいます．では，化学と熱は関係ないのでしょうか？　いやいや，実は大アリなのです．分子や原子の結合を考えるときに決して避けて通ることのできない問題なのです．

　たとえば，使い捨てカイロは，鉄粉に活性炭，水，食塩を混ぜたものを通気性のある袋に入れたものです．市販されている状態では空気と遮断されていますが，開封すると鉄粉が徐々に酸素で酸化され，穏やかな発熱が持続します．冷却パックは硝酸アンモニウムや尿素の入った袋と，水が入った袋の二重構造で，袋をもむと中袋が破れ，水に塩が溶けて冷たくなります．このように，化学変化にともなって熱の出入りが起こっていることを，私たちは実感として知っています（図）．

　エネルギーはいろいろな形態を取りうることは物理を習っていなくても現在では常識の範囲といってもいいでしょう．以前に，「錬金術」で物質を変化させるアニメが人気を博していましたがご存知でしょうか．劇中では元素の種類や質量が同じであれば錬金術によってほかのものへ組み換えることができましたが，その際に莫大なエネルギーの出入りがあるはずです．そこまで劇的な変化は実際には期待できませんが，エネルギーは熱をはじめ機械的仕事，電気，光（電磁波）などに変換されて，私たちの生活を豊かにしています．たとえば，ガソリンを燃焼させて自動車のエンジンを動かし，化学エネルギーを機械的仕事に変換して，私たちは遠くまでドライブできる便利な生活をしています．このような化学反応を理解するための理論を扱っているのが熱力学なのです．

　大学の化学で習う熱力学は酵素反応の理解や，タンパク質の高次構造の決定など，生命にかかわる化学を理解するうえでも重要な位置を占めています．

図　化学反応による熱の出入りの実用例

応用編！ ワンポイント化学講座

生体内の化学反応

　生命活動のおもなエネルギー源として使われるのは糖類です．動物は，食物として摂取する炭水化物をグルコース（ブドウ糖）に分解し，細胞内に取り込んだ後，呼吸で生じるエネルギーを利用しています．酸素を利用した呼吸を好気呼吸といいます．

$$C_6H_{12}O_6 + 6O_2 \longrightarrow 6CO_2 + 6H_2O + エネルギー$$

　この酸化によるエネルギーは，実際には何段階もの反応により生じますが，生物はそのエネルギーを直接使うのではなく，一時的にアデノシン三リン酸（ATP）に変換してから利用しています（図1）．

　ATPの分子内のリン酸とリン酸の間の結合は高エネルギーリン酸結合と呼ばれ，これができるためには約31 kJ/mol のエネルギーが必要です．逆に，この結合が切れるときには同じだけのエネルギーが放出されます．

　好気呼吸（グルコースの酸化）では，図2のように，アデノシン二リン酸（ADP）から高エネルギーリン酸化合物である ATP への変換が進行します．グルコース1 mol 当たり38 mol のATPが生成されます．生命体の各組織においてエネルギーを必要とする反応が起こるときは，酵素のはたらきにより ATP がリン酸を放出し，このとき生じるエネルギーが利用されるというわけです．

　つまり，エネルギーの貯蔵には糖類や脂肪の形をとり，エネルギーを使う直前に ATP に変えてから利用しているのです．ATP は生物が使いやすい構造をとっているため，エネルギー通貨物質とも呼ばれます．好気呼吸によるエネルギー効率は 40% にも達します．

　細胞内部の流体部分である細胞質基質では，グルコースは炭素数の少ないピルビン酸へ変換されます（解糖系）．ピルビン酸はミトコンドリアと呼ばれる細胞小器官へ運ばれ，クエン酸回路，電子伝達系などの反応が進行し，これらの過程でATPが生成します（図3）．

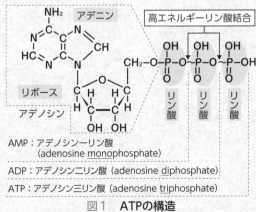

AMP：アデノシン一リン酸（adenosine monophosphate）
ADP：アデノシン二リン酸（adenosine diphosphate）
ATP：アデノシン三リン酸（adenosine triphosphate）

図1　ATPの構造
mono：1つ，di：2つ，tri：3つ，の意味があります．

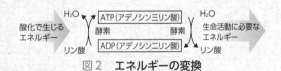

図2　エネルギーの変換

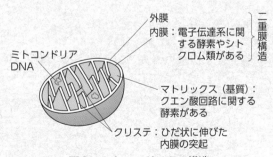

図3　ミトコンドリアの構造

実験してみよう！

お湯と水の間の熱の移動

　お風呂に入るとき，熱いときには水を入れ，ぬるいときには熱湯を入れて，湯加減を調節します．温度の違う2つのものを触れさせるときの，熱の移動について調べましょう．

準　備
温度計2本，コップ，ボウル，ストップウォッチ，お湯（80℃），ぬるま湯（30℃）

方　法
❶　ボウルにぬるま湯を入れます．また，コップにはお湯を入れます．

❷　それぞれに温度計を入れ，実験開始段階の温度を調べましょう．

❸　ボウルにコップを入れ，1分ごとに温度を測定しましょう．コップが倒れないよう注意してください．

結　果
　実験データをグラフにまとめてみましょう．参考までに，実験結果の例を紹介します．この実験を行うと，最終的に両方の水の温度が同じになることがわかります．

表　**異なる温度の水を接触させたときの水温の変化**

時間（分）	0	1	2	3	4	5	6	7	8	9
コップの中の水（℃）	80	62.0	54.5	51.0	48.0	46.5	45.0	45.0	44.5	44.5
ボウルの中の水（℃）	30	36.5	40.0	42.5	43.5	44.0	44.0	44.5	44.5	44.5

考　察
　このとき，温度の高い水から温度の低い水へ熱が移動しました．水1gを1℃変化させるのに必要な熱量は4.2 Jです．お湯が失った熱量とぬるま湯が得た熱量が同じになることを確かめましょう．

■熱量 J を使った計算の例

(1)　水100gの温度を20℃から30℃に変化させるのに必要な熱量

　　　$100 \times (30 - 20) \times 4.2 = 4200$　J

(2)　水50gに，2100 Jの熱量を加えたときの温度変化

　　　$2100 = 50 \times x \times 4.2$　　解いて　$x = 10$　（℃）

■熱量の単位としてはJを用いますが，栄養学の世界ではcalを使用することがあります．水1gを1℃変化させるのに必要な熱量は1 calで，これは4.19 Jに相当します．

　食品のエネルギー（カロリー）は，摂取する食物が，運動や基礎代謝によって消費する熱量をどれだけまかなうかによって求められており，1日に必要なエネルギー量は成人男性で2300〜2800 kcal，成人女性は1800〜2300 kcal程度です．

第8章 章末問題

① p.63の表8-1，p.64の表8-2の各化合物の燃焼熱，生成熱について，それぞれ熱化学反応式を記しなさい.

② 水素が燃焼して水蒸気となる熱化学方程式は次式で表される.

$$H_2(g) + \frac{1}{2}O_2(g) = H_2O(g) + 242\,kJ$$

a. 水素 1.0 mol と反応する酸素は何 mol か.
b. 水素 2.0 mol が燃焼すると何 kJ の熱を発生するか.
c. 標準状態で 33.6 L の水素が燃焼すると何 kJ の熱を発生するか.

③ 与えられた熱化学方程式を用いて，エチレン $C_2H_4(g)$ の燃焼熱を求めなさい.

$$C(黒鉛) + O_2(g) = CO_2(g) + 394\,kJ \quad \cdots\cdots ①$$

$$H_2(g) + \frac{1}{2}O_2(g) = H_2O(l) + 286\,kJ \quad \cdots\cdots ②$$

$$2C(黒鉛) + 2H_2(g) = C_2H_4(g) - 52\,kJ \quad \cdots\cdots ③$$

④ 次の文章を読み，問いに答えなさい.

黒鉛 12.0 g が不完全燃焼して，一酸化炭素 7.00 g と二酸化炭素 33.0 g を生成した．このとき発生した熱量を整数で求めなさい．黒鉛および一酸化炭素の燃焼熱は，それぞれ 394 kJ/mol および 283 kJ/mol である.

⑤ 次の文章を読み，問いに答えなさい.

メタンとエタンの燃焼熱は，それぞれ 890 kJ/mol, 1560 kJ/mol である．標準状態で 44.8 L を占めるメタンとエタンの混合気体を完全に燃焼させたところ，2785 kJ の熱が発生した．この混合気体中には，物質量で何 % のメタンが含まれていたか，整数で求めなさい.

⑥ 過酸化水素（気体）1 mol が，水（気体）と酸素に分解するときに放出される熱量を整数で求めなさい．計算には下記の結合エネルギーの値を用いること.

O−O 146 kJ/mol, O=O 494 kJ/mol, O−H 464 kJ/mol

⑦ 次の文章を読み，問いに答えなさい.

グルコース 1 mol から酸化的リン酸化により 38 mol の ATP が生合成される．また，1 mol の ATP がリン酸を放出するときに 31 kJ のエネルギーが生じる．グルコース 1 mol の燃焼熱を 2800 kJ とすると，生じるエネルギーの何 % が生命活動に必要なエネルギーとして利用されるか，整数で求めなさい.

第9章

化学平衡と溶液の性質

化学反応のなかには，反応物が完全には消失せず，反応物と生成物が一定のモル濃度になったときに反応が見かけ上停止する反応があります．酵素反応のように，生体内部で進行する反応も知られています．化学反応が開始するにはどのような条件があるのでしょうか．

また，水と水溶液では，沸点や融点などが異なります．本章では，その理由や，酸や塩基の強さなど，水中で生じている化学平衡について学びます．

キーワード　活性化エネルギー，可逆反応，化学平衡，平衡定数，電離平衡，緩衝液，酵素，沸点上昇，凝固点降下，浸透圧，気体の状態方程式

第1節　化学平衡

化学反応の速さ

塩酸に水酸化ナトリウムを加えるとただちに反応し，塩化ナトリウムを生じます．また，水素に点火すると激しい音を立てて燃焼します．このような反応は，瞬間的に終わるきわめて速い反応です．一方，鉄が空気中の酸素や水分によってさびる反応は，変化に長時間を要する遅い反応です．

同じ反応でも，温度，圧力などの条件や触媒の存在の有無などによって，反応の速さは変化します．たとえば，塩酸に亜鉛を入れると水素が発生しますが，亜鉛を板の状態で入れた場合は穏やかですが，粉末で加えた場合は水素が激しく発生し，発生した熱で溶液が熱くなるのを確認できます．これは，反応物の表面積が大きい方ほど溶液によく接しているためです（図9-1）．

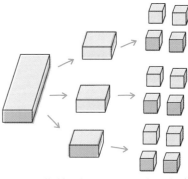

図9-1　同じ物質を小さくすると表面積が増える
色の部分は細かくすることで新しく表面積が増える部分です．

単位時間当たりの物質の変化量（反応物の減少量あるいは生成物の量）を反応速度といい，次式で表されます．

重要!

$$反応速度 = \frac{物質の変化量}{反応時間}$$

活性化エネルギー

化学反応が起こるには反応する粒子同士が衝突する必要があります．そのため，溶液中の反応では濃度が大きいほど，また，気体のかかわる反応の場合は圧力が高いほど衝突する機会が増え，反応速度は大きくなります．

化学反応は，粒子同士の衝突によって引き起こされますが，すべての衝突が反応にかかわるとは限りません．第8章で紹介したように，多くの化学反応では各反応に応じた一定のエネルギー以上の衝突が必要です．このエネルギーを活性化エネルギーといい，活性化エネルギー以上の条件で衝突すると，エネルギーの高い不安定な状態ができ，この状態を活性化状態といいます．

温度を上げると，活性化エネルギーを超える分子の数が多くなり，反応速度が増加します（図9-2）.

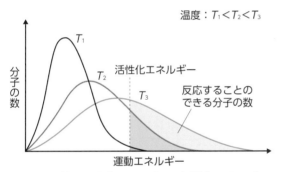

図9-2　分子の運動エネルギーと活性化エネルギー

活性化エネルギーの大きさは反応によって異なります．また，反応速度を大きくする物質を触媒といい，触媒が存在すると活性化エネルギーが低下し，反応が起こりやすくなります（図9-3）.

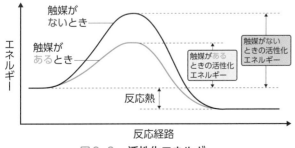

図9-3　活性化エネルギー

可逆反応と不可逆反応

先ほどの，亜鉛と塩酸の反応は一方向にのみ進行し，生成した塩化亜鉛（Ⅱ）が元の亜鉛に戻ることはありません．このような反応を不可逆反応といいます．燃焼・爆発反応の多くは不可逆反応です．

一方，弱酸である酢酸の電離やエステルの合成反応などは可逆反応です（図9-4）.

酢酸の電離　$CH_3COOH \rightleftharpoons CH_3COO^- + H^+$

エステルの合成　$CH_3COOH + C_2H_5OH$
$\rightleftharpoons CH_3COOC_2H_5 + H_2O$

図9-4　可逆反応の例

可逆反応とは，左向き，右向きの反応がともに進行している反応です．左向きの反応と右向きの反応が同じ頻度で起き，見かけ上，各成分の量が一定となっている状態を平衡状態といいます．

化学平衡と濃度平衡定数

一定体積の容器に同じ物質量の水素とヨウ素を入れて高温に保つと，各成分の濃度は図9-5のように時間とともにしだいに減少し，ヨウ化水素が生成します．

$$H_2 + I_2 \rightleftharpoons 2HI$$

最終的には各成分の量が一定となりますが，原料は完全にはなくなりません．

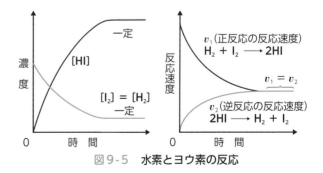

図9-5　水素とヨウ素の反応

水素，ヨウ素，ヨウ化水素のモル濃度を [H₂]，[I₂]，[HI] で表すと，平衡状態では次の関係が成立することがわかっています．

> **重要!**
>
> $$\frac{[\mathrm{HI}]^2}{[\mathrm{H_2}][\mathrm{I_2}]} = K_c \ （一定）$$
>
> （K_c の c は concentration〔濃度〕を表しています）

この K_c を濃度平衡定数といい，同じ温度では一定の値になり，物質の量などによらない定数です．温度が変わると K_c の値も変化します．

一般的な可逆反応を次式のように表します．

$$aA + bB + \cdots \rightleftharpoons mM + nN + \cdots$$
（a，b，m，n は係数）

この反応が平衡状態にあるとき，各成分のモル濃度を [A]，[B]…，[M]，[N]…と表すと，一定温度において，次の関係が成り立ちます．

> **重要!**
>
> $$\frac{[\mathrm{M}]^m[\mathrm{N}]^n \cdots}{[\mathrm{A}]^a[\mathrm{B}]^b \cdots} = K_c$$

この関係を化学平衡の法則または質量作用の法則といいます．次の項では，実際に値を代入しながら，平衡状態について考えてみましょう．

濃度平衡定数の扱い方

ヨウ化水素の生成反応で，濃度平衡定数を求めてみましょう．いま，1.0 mol の水素と 1.0 mol のヨウ素を 10 L の容器に入れて，800 K の一定温度に保ったところ，平衡状態で 1.60 mol のヨウ化水素が生成したとします．

まず，平衡状態の各化合物の物質量とモル濃度を求めます．反応した水素とヨウ素の物質量をそれぞれ x（mol）とすると，表9-1 の関係が成り立ちます．

表9-1　化学反応の量的関係1

	H₂	+	I₂	⇌	2HI
反応前 (mol)	1.0		1.0		0
反応量 (mol)	$-x$		$-x$		$2x$
平衡時 (mol)	$1.0 - x$		$1.0 - x$		$2x$

生成したヨウ化水素が 1.60 mol なので，

$$2x = 1.60$$
したがって，$x = 0.80$

となります．容器の体積は 10 L なので，各成分の平衡状態におけるモル濃度は，

$$[\mathrm{H_2}] = [\mathrm{I_2}] = \frac{1.0 - x}{10} = 2.0 \times 10^{-2} \ \mathrm{mol/L}$$

$$[\mathrm{HI}] = \frac{2x}{10} = 1.6 \times 10^{-1} \ \mathrm{mol/L}$$

と求められ，濃度平衡定数の式に代入すると，

$$K_c = \frac{[\mathrm{HI}]^2}{[\mathrm{H_2}][\mathrm{I_2}]} = \frac{(1.6 \times 10^{-1})^2}{(2.0 \times 10^{-2})^2} = 64$$

となります．これが 800 K での濃度平衡定数です．

では，同じ 10 L の容器に水素 1.0 mol，ヨウ素 2.0 mol を入れた場合，800 K における平衡状態ではどのような組成になっているのでしょうか？　これも同じ要領で求めてみましょう（表9-2）．

表9-2　化学反応の量的関係2

	H₂	+	I₂	⇌	2HI
反応前　(mol)	1.0		2.0		0
反応量　(mol)	$-x$		$-x$		$2x$
平衡時　(mol)	$1.0 - x$		$2.0 - x$		$2x$
モル濃度 (mol/L)	$\dfrac{1.0 - x}{10}$		$\dfrac{2.0 - x}{10}$		$\dfrac{2x}{10}$

同じ温度では濃度平衡定数は一定なので，

$$K_c = \frac{[\mathrm{HI}]^2}{[\mathrm{H_2}][\mathrm{I_2}]} = \frac{(2x)^2}{(1.0 - x)(2.0 - x)} = 64$$

となり，これを解くことで，平衡状態での各成分の物質量を求めることができます．

可逆反応における濃度平衡定数がわかっていれば，原料からどれだけの生成物が得られるかを予測することができます．

平衡の移動

表9-1の化学平衡では，800 K，10 Lの容器中に，0.20 molの水素，0.20 molのヨウ素，1.60 molのヨウ化水素が共存しています．

ここに，若干の水素を加えると，瞬間的に水素のモル濃度が大きくなり，このままではK_cは64より小さくなってしまいます．そのため，K_cを64に戻すために，水素とヨウ素からヨウ化水素が生成する反応が進行し，新たな平衡状態に至ります（図9-6）．

これを平衡が移動したといい，一般には，外から加えられた変化を打ち消すような方向に平衡が移動します．今回は，水素を減らすために，右側に反応が進行したので，平衡が右に移動したということがあります．

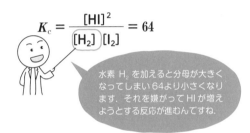

$$K_c = \frac{[HI]^2}{[H_2][I_2]} = 64$$

水素H_2を加えると分母が大きくなってしまい64より小さくなります．それを嫌がってHIが増えようとする反応が進むんですね．

図9-6　平衡状態が乱れたとき

化学反応が平衡状態にあるとき，濃度・圧力・温度などの反応条件を変化させると，その変化をやわらげる方向に反応が進み，新しい平衡状態になります．これを平衡移動の原理またはルシャトリエの原理といいます．

圧力を高くした場合は気体全体の物質量が減少する方向に，温度を高くした場合は，吸熱する側の反応が進行し，新たな平衡状態へ至ることがわかっています．

第2節　弱酸・弱塩基の電離

電離平衡

酸や塩基などの電解質を水に溶かすと水中で電離してイオンになり，電離していない化合物との間で平衡状態になります．これを電離平衡といいます．

水溶液中の，電解質が電離した割合を電離度といいます．電離度はαで表されます．

重要!

電離度$\alpha = \dfrac{\text{電離した電解質の物質量}}{\text{電解質全体の物質量}}$

ほとんどが電離している酸や塩基を強酸，強塩基といいます．塩酸，希硫酸，水酸化ナトリウム水溶液などの電離度は1とみなして差し支えありません．

一方，ほとんど電離しない酸や塩基を弱酸，弱塩基といいます．0.1 mol/L 酢酸の電離度は$\alpha = 0.013$で，100個中1.3個が電離していることになります（p.43，第6章図6-5参照）．

酢酸水溶液の電離平衡

酢酸の水溶液では，次のような電離平衡が成り立っています．

$$CH_3COOH + H_2O \rightleftharpoons CH_3COO^- + H_3O^+$$

したがって，溶液中の各成分のモル濃度には，次の関係が成立します．

$$\frac{[CH_3COO^-][H_3O^+]}{[CH_3COOH][H_2O]} = K$$

水は溶媒として多量に存在するので，反応でそのごく一部が使われたとしても，水の濃度 $[H_2O]$ は一定とみなせます．そこで，$K[H_2O]$ を K_a と表記し，$[H_3O^+]$ を $[H^+]$ とすると，両辺に $[H_2O]$ をかけて次式のようになります．

$$\frac{[CH_3COO^-][H^+]}{[CH_3COOH]} = K_a$$

この K_a は酢酸の電離定数といいます．

酢酸の pH

それでは，酢酸の pH を求めてみましょう．

酢酸のモル濃度を c（mol/L），電離度を α とすると，平衡状態での各成分のモル濃度は表9-3のようになります．

表9-3　酢酸の電離

	$CH_3COOH \rightleftharpoons CH_3COO^-$	$+$	H^+
電離前 (mol/L)	c	0	0
反応量 (mol/L)	$-c\alpha$	$c\alpha$	$c\alpha$
平衡時 (mol/L)	$c(1-\alpha)$	$c\alpha$	$c\alpha$

これを酢酸の電離定数の式に代入すると，

$$K_a = \frac{[CH_3COO^-][H^+]}{[CH_3COOH]} = \frac{c\alpha \times c\alpha}{c(1-\alpha)} = \frac{c\alpha^2}{1-\alpha}$$

となります．α は1より十分小さいため，$1-\alpha$ を1とみなすと，

$$c\alpha^2 = K_a$$

$$\alpha = \sqrt{\frac{K_a}{c}}$$

したがって，$[H^+] = c\alpha$ より，次のように求められます．

$$[H^+] = c\alpha = \sqrt{c^2 \times \frac{K_a}{c}} = \sqrt{cK_a}$$

25℃における酢酸の $K_a = 2.0 \times 10^{-5}$（mol/L）とすると，0.20 mol/L 酢酸の $[H^+]$ は次式のようになります．

$$[H^+] = \sqrt{0.20 \times (2.0 \times 10^{-5})} = 2.0 \times 10^{-3}\ \text{mol/L}$$

その pH は，$\log_{10} 2 = 0.30$ とすると，

$$pH = -\log_{10}[H^+] = 3 - \log_{10} 2 = 2.7$$

と求まります．

pH の計算は第6章を参照しましょう．電離定数がわかれば濃度から pH を求めることができ，実際の活用に適しています．

アンモニア水の電離平衡

アンモニアは弱塩基であり，水中では次のような電離平衡が成立します．

$$NH_3 + H_2O \rightleftharpoons NH_4^+ + OH^-$$

したがって，化学平衡の法則から，次の関係式が得られます．

$$\frac{[NH_4^+][OH^-]}{[NH_3][H_2O]} = K$$

$K[H_2O]$ を K_b と表記すると次のようになります．

$$\frac{[NH_4^+][OH^-]}{[NH_3]} = K_b$$

この K_b を，アンモニア水の電離定数といいます．酢酸の場合と同様に $[OH^-]$ の濃度を求めると，

$$[OH^-] = c'\alpha = \sqrt{c'K_b}$$

となります．電離定数がわかっていれば，モル濃度 c' から $[OH^-]$ を求めることができ，pH へ変換することができます．

緩衝液

酸や塩基を加えても，あるいは溶液が希釈されたりしても pH の変化が起こりにくいことを緩衝作用といい，このような性質をもつ溶液を緩衝液といいます．一般に，弱酸とその塩，または弱塩基とその塩の混合溶液は，緩衝作用を有しています（表9-4）．

表9-4　化学でよく利用される緩衝液

名　称	pH 域
グリシン - 塩酸	2.2 ～ 3.6
酢酸 - 酢酸ナトリウム	3.6 ～ 5.6
リン酸ナトリウム系	5.8 ～ 8.0
グリシン - 水酸化ナトリウム	8.6 ～ 10.6
アンモニア - 塩化アンモニウム	9.0 ～ 10.0

なぜ緩衝作用が発揮できるのか，酢酸 - 酢酸ナトリウム系緩衝液で考えてみましょう.

図9-7 は，酢酸に水酸化ナトリウム水溶液を加えていったときの滴定曲線です.

図9-7　酢酸の滴定曲線

溶液は酢酸と酢酸ナトリウムの混合溶液と考えることができ，その中には，CH_3COOH, CH_3COO^-, Na^+ の各イオンが多量に含まれています. なお，H^+ は酢酸の電離で生じますが，酢酸は弱酸なので，その量は前の3成分よりはるかに少ないといえます.

ここに H^+ を加えると，次式の反応が進行し，外から加えられた H^+ を取り込んでしまいます.

$$CH_3COO^- + H^+ \longrightarrow CH_3COOH$$

また，OH^- を加えると，中和反応により，加えられた OH^- を消費します.

$$CH_3COOH + OH^- \longrightarrow CH_3COO^- + H_2O$$

したがって，pHはほとんど変化しません.

溶液の $[H^+]$ は，酢酸と酢酸イオンの比で決まり，次式を使って求めることができます.

$$[H^+] = \frac{[CH_3COOH]}{[CH_3COO^-]} K_a$$

緩衝液は，pH が一定に保たれた中で行われる化学実験や，細胞や微生物の培養，医薬品などに利用されています.

体内での生化学的な反応は，特定の pH で働く酵素などに大きく依存しています. pH を一定に保つために，アミノ酸による緩衝作用，二酸化炭素（炭酸）の制御など，器官によっていくつかの緩衝作用が知られています. ヒトの血液は通常 pH が 7.40 ± 0.05 の範囲に保たれており，このバランスが崩れた状態をアシドーシス（酸性症），アルカローシス（塩基性症）といい，深刻な症状をもたらします.

第 3 節　酵　素

酵素反応の特徴

酵素の本体はタンパク質でできています. 酵素は，生体内で起こるさまざまな反応の触媒として働くので，生体触媒ともいいます.

酵素はどんな反応も触媒するのではなく，基本的に，ある特定の反応しか触媒しない性質（反応特異性）があります. また酵素は，働きかける物質（基質）が決まっていて，特定の基質にしか作用しない性質（基質特異性）があります（図9-8）.

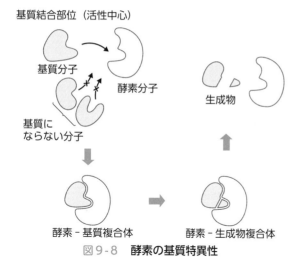

図9-8　**酵素の基質特異性**

酵素にはそれぞれ，最大の活性を示す温度があり，その温度を最適温度といいます．多くの酵素は40℃ぐらいが最適温度です．最適温度より温度が高い場合には，酵素は徐々に失活していくため，反応速度は遅くなります（図9-9）．

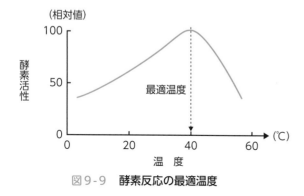

図9-9　**酵素反応の最適温度**

酵素は，タンパク質でできているので，加熱や有機溶媒，重金属イオンの添加などで立体構造がこわれ，活性を失います．これを失活といいます．

大学の生化学の実験では，酵素反応を停止させるために，溶液を加熱して，意図的に酵素を失活させることがあります．

酵素反応の速度

酵素反応が起きるには，酵素と基質分子が存在して酵素-基質複合体を形成する必要があります．基質の濃度が一定で，酵素の濃度よりもはるかに高い場合は，酵素がフル回転で反応を触媒します．この条件下で酵素の量を2倍にすると，反応速度も2倍になります（図9-10a）．

一方，酵素濃度は一定で，基質濃度が変化する場合を考えてみましょう．酵素濃度に対して基質濃度が少ない場合は，酵素はすべて反応にかかわります．その場合，基質が増加するほど反応速度が速くなります．しかし，最終的にはすべての酵素が反応にかかわる基質濃度に達し，それ以上に基質を増やしても，反応速度は変化しません（図9-10b）．

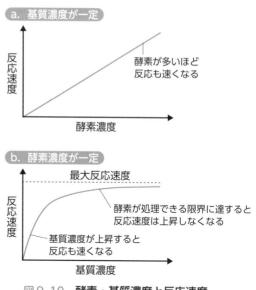

図9-10　**酵素・基質濃度と反応速度**

酵素反応は阻害されることがあり，基質と結合することができなくなったり，基質と類似の分子が酵素の活性部位に結合したりすると反応速度が低下します．このことを利用して，特定の酵素の働きを抑える，酵素阻害薬という薬剤が開発されています．

第4節　水溶液の性質

蒸気圧とは

　水をコップに入れて長時間放置すると，いつかはなくなってしまいます．これは，沸点以下の温度でも水の表面から水蒸気となって空気中に出ていくからです．

　一方，密閉した容器に水を入れると，水面から飛び出す水分子の数と気体から液体に戻る水分子の数が等しくなり，見た目上蒸発が収まったように見えます．この状態を気液平衡といい，このときの水蒸気の示す圧力を水の飽和蒸気圧といいます．

　飽和蒸気圧の変化を表したグラフを蒸気圧曲線といいます（図9-11）．

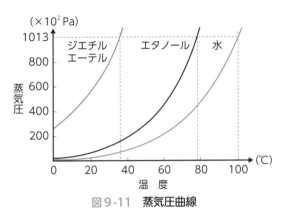

図9-11　蒸気圧曲線

　このグラフからは，各溶媒の沸点を読み取れます．溶媒の蒸気圧が大気圧と同じ 1.013×10^5 Pa になる温度では，溶媒の内部からも気化する沸騰という現象がみられます．水の沸点は 100 ℃ です．他の溶媒の沸点も読み取ってみましょう．

＼応用編！／
ワンポイント化学講座

サツマイモを電子レンジでチンしてもおいしい焼きイモにならない？

　サツマイモを電子レンジで加熱して焼きイモを作ろうとした経験がありますか？サツマイモは単純に電子レンジで加熱しても甘味のない加熱したイモができるだけで，今ひとつパッとしません．焼きイモ屋さんはどうやってあの甘味の強い焼きイモを作っているのでしょう？

　石焼きイモは加熱した砂利石の中にサツマイモを入れて加熱しています．イモを砂利のなかに入れてから，石焼きイモになるまでは結構な時間が必要で，その間に何かが起こっているようです．

　イモ類の主成分はデンプンですが，このデンプンはアミロースというブドウ糖が 1,000 個くらい一直線につながった分子と，アミロペクチンというアミロースがたくさん枝分かれして繋がった，ブドウ糖が数万〜数十万個集まった巨大分子の混合物です．水とともに 60 ℃から 70 ℃で加熱すると，アミロースとアミロペクチンの間やアミロペクチンの分枝同士の間の水素結合が外れて，そこに水が侵入し，柔らかく糊のようになります．これを糊化といいます．焼きイモが甘くなるのはサツマイモに含まれる β-アミラーゼという消化酵素が，加熱されて糊状になったデンプンに作用して麦芽糖という甘味成分を作り出すからです．β-アミラーゼが働くのが 55 ℃から 70 ℃までの温度の間ですから，その位の温度に保持して，じっくりと熱を加えてイモのデンプンを糊状にしつつ，β-アミラーゼを作用させると良いようです．ちなみに，石焼きでは美味しい焼きイモになるのに約 1 時間かかります．

蒸気圧降下と沸点上昇

スクロース（ショ糖）や食塩（塩化ナトリウム）のような揮発しにくい物質（**不揮発性物質**という）が溶けている水溶液では，同じ温度の純粋な水に比べて蒸発する水分子の数が減ります．これは，水に溶解している溶質の分子やイオンが水分子を水和して引きつけており，表面からの蒸発を妨げているためです．そのため，同じ温度の純粋な溶媒の蒸気圧に比べて，溶液の蒸気圧が低くなります．この現象を**蒸気圧降下**といいます．わかりやすくするために，図9-12では，表面から蒸発する水分子の個数の変化を強調しています．

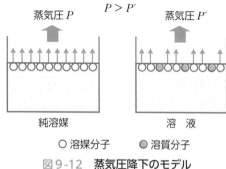

$P > P'$

蒸気圧 P 　　　　　　蒸気圧 P'

純溶媒　　　　　　　溶　液

○ 溶媒分子　　● 溶質分子

図9-12　蒸気圧降下のモデル

溶液の蒸気圧は，純粋な水の蒸気圧よりも低いので，溶液の蒸気圧が 1.01×10^5 Pa になる温度（沸点）は，純粋な水の沸点よりも高くなります．このように，溶液の沸点が純粋な水よりも高くなる現象を**沸点上昇**（図9-13）といい，溶液と純粋な水のそれぞれの沸点の差 Δt（K）を**沸点上昇度**といいます．

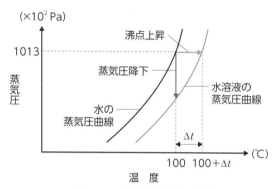

$(\times 10^2$ Pa$)$

沸点上昇

1013

蒸気圧降下

蒸気圧

水溶液の蒸気圧曲線

水の蒸気圧曲線

Δt

100　$100 + \Delta t$　（℃）

温　度

図9-13　水溶液の沸点上昇

沸点上昇度の計算

沸点上昇度 Δt は，濃度の小さい溶液（希薄溶液）では，溶液の質量モル濃度（mol/kg）に比例します．

$$\Delta t = k \times m$$
　k：モル沸点上昇（比例定数に相当）
　m：溶液の質量モル濃度（mol/kg）

質量モル濃度とは，水1 kg に溶かす溶質の物質量を表したもので，単位は mol/kg です．本書では，溶媒はとくに指示のない限り水とします．

また，濃度1 mol/kg の水溶液の沸点上昇度を**モル沸点上昇**といい，これが比例定数に相当します．水のモル沸点上昇は，0.52（K/(mol/kg)）で，この値は，**溶質の種類に関係なく一定**です．

たとえば，0.10 mol/kg のブドウ糖水溶液の Δt は，

$$\Delta t = 0.52 \times 0.10 = 0.052 \text{ K}$$

となります．K（ケルビン）は絶対温度の単位ですが，ここでは温度の差ですので，℃と同じと考えて差し支えありません．したがって，沸点は 水の沸点（100℃）+ Δt から100.052℃ となります．

なお，食塩は水中で次のように電離します．

$$NaCl \longrightarrow Na^+ + Cl^-$$

沸点上昇度や後述する凝固点降下度は，溶液中の全粒子の濃度で考えるので，イオン性の物質の場合，陽イオンと陰イオンの物質量の総和になります．

そのため，0.10 mol/kg の食塩水の Δt は，

$$\Delta t = 0.52 \times 0.10 \times 2 = 0.104 \text{ K}$$

となり，0.10 mol/kg の塩化カルシウム $CaCl_2$ 水溶液の Δt は 0.156 K となる点に注意しましょう．

野菜やパスタをゆでる際に塩を少量加えますが，上の計算では0.1℃程度しか沸点上昇せず，通常の料理に使う食塩濃度では，沸点上昇というよりは味つけの面の効果のほうが大きいようです．

凝固点降下

冬場には路面が凍結しないように融雪剤をまくことがありますが，これは，0℃以下でも凍らないようにする効果があります．また，アイスクリームは0℃では凝固せず，さらに低温が必要です．このように，溶液の凝固点が純粋な溶媒よりも低くなる現象を凝固点降下といい，純粋な溶媒と溶液のそれぞれの凝固点の差 Δt〔K〕を凝固点降下度といいます．

凝固点降下度も，溶液の質量モル濃度に比例します．比例定数に相当する，水のモル凝固点降下は，1.86（K/（mol/kg））で，この値は，溶質の種類に関係なく一定です．

たとえば，0.10 mol/kg のブドウ糖水溶液の Δt は

$$\Delta t = 1.86 \times 0.10 = 0.186\ \text{K}$$

であり，その凝固点は−0.186℃です．

また，0.10 mol/kg の食塩水の Δt は 0.372 K となります．計算方法は沸点上昇度と同じで，陽イオンと陰イオンの総和なので2倍になります．

溶液をゆっくりと冷却していくと

水を冷却していくと，温度が低下して過冷却状態を経たのち，核となる粒子ができます．そして，分子が整列し，凝固がはじまります．このとき，液体の水が完全に固体になるまで，温度は一定です．この温度を凝固点といい，純粋な水では0℃です．完全に凝固すると温度が下がり始め，一般には容器の外側の冷却材（あるいは冷凍庫など）の温度に達します（図9-14a）．

一方，水溶液を冷却すると同じ過程を経て凝固しますが，液体が凝固する過程でだんだん温度が低下します（図9-14b）．それは，凝固が進むと，残った溶液の部分がだんだん濃くなり，凝固点降下度が高くなるためです．したがって，アイスキャンディなどの商品では瞬間的に冷却し，濃さにムラができないようにしています．

ちなみに，オレンジジュースなどを自宅の冷凍庫で冷却し，室温で解凍すると，濃い成分が先に融解し，残っている氷の部分は色・味が薄くなります．

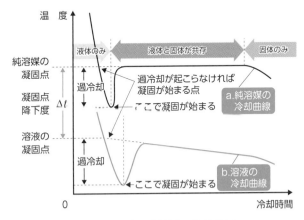

図9-14　水と水溶液の冷却曲線

浸透圧

溶液の成分のうち，溶媒のみを通して溶質を通さない膜を半透膜といいます．半透膜を介して溶媒と水溶液を接すると，溶媒は水溶液の側（右側）に移動しようとします．一方，溶液の側では，溶質が存在し，溶媒が左側へ戻るのを妨げます．したがって，平衡状態では，液面に高さの差が生じます．半透膜を介した溶媒分子の移動を浸透，液面を押し上げている圧力を浸透圧といいます（図9-15）．

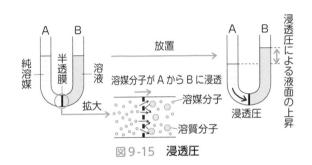

図9-15　浸透圧

希薄な溶液の浸透圧 π は，溶質の種類に関係なく溶質粒子のモル濃度 C と絶対温度 T に比例して決まります．

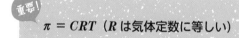

重要！

$\pi = CRT$（R は気体定数に等しい）

これを**ファントホッフの式**といい，溶液の濃度の測定にも利用されます．浸透圧の場合も，イオン性の物質を扱う場合，C には**陽イオンと陰イオンのモル濃度の総和を代入する**点に注意しましょう．

キュウリやナスに塩をつけてもむと，水が出てきてしぼみます．これは，細胞内部の水が細胞膜（半透膜）を浸透してにじみ出したためです．

また，腎臓の働きが十分でない人に施される人工透析は，大まかにいえば，半透膜を使って血液中の老廃物をこしとる治療を指します．

細胞膜が半透膜としての性質しかもっていないとすると，膜を介した物質の出入りは単調になってしまいます．細胞膜には，**選択的透過性**という，物質によって通過させたりさせなかったりを選択する性質があります．また，細胞膜には，**イオンチャネル**という，イオンの出入りをつかさどるタンパク質が埋め込まれています（図9-16）．濃度差による単純な拡散を受動輸送，仕事によって特定の物質を出し入れすることを**能動輸送**といいます．

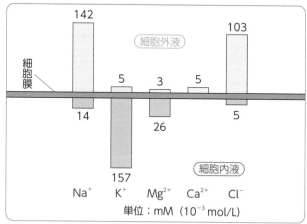

図9-16　赤血球内外のイオンの分布
細胞膜は細胞内外の物質の出入りの調節に大きくかかわっています．

STEP UP 気体の状態方程式

イギリスのボイルは，気体の体積と圧力の関係を調べて，1662年に，ボイルの法則を発見しました．ボイルの法則とは，温度一定のとき，一定量の気体の体積 V は，圧力 P に反比例するというものです（図）．

重要！
$$P_1 V_1 = P_2 V_2 = 一定 \quad （ボイルの法則）$$

フランスのシャルルは，気体の温度と体積の関係を調べて，1787年にシャルルの法則を発見しました．

シャルルの法則とは，圧力一定のとき，一定量の気体の体積 V は，温度 t（℃）が1℃上下するごとに，0℃のときの体積 V_0 の $\frac{1}{273}$ ずつ増減するというものです．

重要！
$$V = V_0 + \frac{t}{273} V_0 \quad （シャルルの法則）$$

シャルルの実験結果から，温度 t は−273℃より低い温度にはなり得ないことがわかりました．

摂氏温度を表す℃で表現された温度 t に273を加えた温度を絶対温度といいます．絶対温度 T（K，ケルビン）と摂氏（セルシウス）温度 t（℃）の関係は，次のようになります．

$$T = t + 273$$

ボイルの法則とシャルルの法則から，一定量の気体の体積は，圧力に反比例，絶対温度に比例することが導かれます．これをボイル・シャルルの法則といい，次の式で表されます．

重要！
$$\frac{P_1 V_1}{T_1} = \frac{P_2 V_2}{T_2} = 一定 \quad （ボイル・シャルルの法則）$$

気体の圧力を P(Pa)，体積を V(L)，その物質量を n(mol)，絶対温度 T(K)とすると，これらの間には次のような関係があります．

重要！
$$PV = nRT \quad （気体の状態方程式）$$

R は気体定数と呼ばれる定数で，

$$R = 8.31 \times 10^3 \, Pa \cdot L/(K \cdot mol)$$

と表されます．気体の状態方程式は気体の種類によらず成立します．気体の状態方程式に完全に従う気体を理想気体，実際の気体を実在気体といいます．

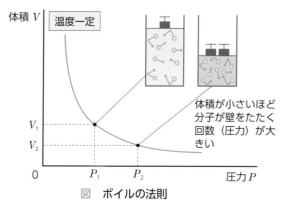

体積が小さいほど分子が壁をたたく回数（圧力）が大きい

図　ボイルの法則

≫応用編!≪
ワンポイント化学講座

点滴は要注意

　体に水分が不足した状態を脱水と呼びます．ヒトの体からは，呼気（はき出す息）のなかに水蒸気として肺から，また，通常は意識していませんが，汗として皮膚から水分が，1日に合計で約1L体外に出て行きます．ですから，水を飲まない，あるいは飲めないだけで簡単に脱水になり，体液の浸透圧は基準値より増加してしまいます（水分は容易に出ていくが，溶質は容易に変化しないため）．細胞膜は水やガス体（酸素や二酸化炭素）は透過させますが，タンパク質や電解質のような溶質は透過させ難い膜（半透膜）です．このような細胞膜を通しての水の移動は，浸透圧の低い方から高い方に移動します．脱水のときには細胞外液の浸透圧が上昇してその影響が細胞内に波及していきます．

　細胞の代表として血液のなかで約半分の体積を占める赤血球を見てみましょう．体液の浸透圧と同じ浸透圧を持つ溶液に0.9％塩化ナトリウム溶液があり，これを，生理食塩水と呼びます．血液を体から取り出して生理食塩水に入れても，赤血球は血中と同じ大きさと形を維持します．しかし，血液を5％塩化ナトリウム溶液（体液浸透圧の5倍強の溶液）に入れると赤血球の大きさは小さくなり，シワが寄ってきます．赤血球内の水（細胞内液）が赤血球の細胞膜を通して細胞外に流れ出るからです．逆に，血液を真水に入れると赤血球はみるみるうちに膨れて細胞膜は破裂してしまいます．赤血球の外の水が細胞膜を通して細胞内に流れ込むからです．

　輸液療法（一般的には点滴）といって血管内に直接，電解質やブドウ糖やその他の薬剤を注入する治療法があります．血管内に注入する液体の浸透圧は，赤血球が収縮しないように，あるいは膨張して破裂しないように，体液浸透圧の基準値に近いものを使用する必要があります．体液浸透圧の基準値と等しい溶液の例として，0.9％塩化ナトリウム溶液（生理食塩水），5％ブドウ糖液などがあります．

第9章 章末問題

① 化学反応の速さが温度の上昇にともなって著しく増す理由を，簡潔に説明しなさい.

② 次の反応が平衡状態にあるとき，以下のように条件を変えると，平衡はどちらに移動するか. **右**，**左**，**移動しない**のように答えなさい.

$$2SO_2 + O_2 \rightleftarrows 2SO_3 + 198\,kJ$$

a. 酸素を加える   b. 温度を上げる   c. 触媒を加える

d. 圧力を上げる   e. 三酸化硫黄を除く

③ 次の文章を読み，問いに答えなさい.

  窒素と水素より，アンモニアを合成する実験を行った. 容積 3.0 L の密閉容器に，窒素 7.0 mol と水素 21 mol を封入し，500 K に保ったところ，平衡状態ではアンモニアは 12 mol 存在していた. この反応の平衡定数 K_c を整数で求めなさい.

④ 酢酸の電離定数 K_a は 25 ℃ において 1.8×10^{-5} mol/L である.

a. 0.020 mol/L 酢酸の pH を求めなさい. ただし，$\log_{10}2 = 0.30$，$\log_{10}3 = 0.48$ とする.

b. この酢酸 10 mL を 0.010 mol/L 水酸化ナトリウム水溶液で中和した. 中和点までに何 mL 必要か，有効数字 2 桁で求めなさい.

⑤ 以下の物質をそれぞれ同体積の水に溶かした. これらの溶液を沸点の高い順に並べなさい.

ア グルコース（ブドウ糖）   0.50 mol   イ 塩化ナトリウム   0.20 mol

ウ 尿素   0.20 mol   エ 塩化マグネシウム   0.10 mol

⑥ 尿素 (分子量 60) 4.8 g を水 100 g に溶かした溶液の沸点を求めなさい. ただし水のモル沸点上昇は 0.52 K·kg/mol とする.

⑦ 水溶液の性質に関する次の記述に関して正誤を判断し，正しければ○，誤っていれば×を記しなさい.

① 食塩水は，純水よりも水分子が蒸発しやすい.

② 水の凝固点は 0 ℃ なので，0 ℃ より低い温度の氷はない.

③ 水 1 kg にグルコース（ブドウ糖）0.1 mol を溶かした溶液の沸点は，水 1 kg に水酸化ナトリウム 0.05 mol を溶かした溶液の沸点とほぼ等しい.

④ 純水と薄いタンパク質水溶液を半透膜で仕切り，液面の高さをそろえると，タンパク質水溶液側に水が移動する.

⑤ 薄いデンプン水溶液の浸透圧は，デンプン濃度に比例する.

⑥ 赤血球を純水に入れると，細胞膜が半透膜としてはたらき，水分を失って縮む.

有機化合物 ① 炭化水素

　有機化合物とは，炭素原子を構造の基本骨格にもつ化合物の総称です．有機化合物は，炭素原子の並び方や官能基と呼ばれる原子団の存在により，無機化合物よりもはるかに多くの化合物が存在します．

　プロパンガスや灯油などは炭化水素と呼ばれるグループに属し，最も基本的な構造をとっています．本章では，主要な炭化水素の命名に挑戦しながら有機化合物の構造について学びましょう．

キーワード　官能基，炭化水素，構造式，構造異性体，数詞，アルカン，アルケン，アルキン，付加反応

第1節 有機化合物の特徴

有機化合物とは

　19世紀前半までは，砂糖や油脂のように，動植物の体内で作られる炭素を含む化合物を有機化合物，水や食塩のような化合物を無機化合物と分類していました．

　1828年，ドイツの科学者であるヴェーラー F. Wöhler は，無機化合物であるシアン酸アンモニウム NH_4OCN から有機化合物である尿素（$NH_2)_2CO$ を合成しました．成人は尿から尿素を一日に約30 g排泄しています．尿素は古くから構造を知られた化合物であり，尿素は，無機化合物からはじめて合成された有機化合物として，歴史的に重要な化合物です．

　現在では，炭素原子を基本骨格にもつ化合物を総称して**有機化合物**といいます．なお，二酸化炭素や炭酸カルシウム，黒鉛などは一般に有機化合物とはみなしません．

　有機化合物は，炭素原子からなる骨格に，水素，酸素，窒素，リン，硫黄などの原子が結合してできています．そのため，燃焼したり，熱によって分解する化合物も多いです．分子中に含まれる炭素原子の数は同じでも，その並び方はさまざまあるので，化合物の種類は非常に多い点に特徴があります．

有機化合物の分類 —炭素原子の骨格から

　有機化合物のうち，炭素原子と水素原子からなる化合物を**炭化水素**といいます．炭化水素を例に，有機化合物を分類してみましょう（図10-1）．

　まず，炭素原子が鎖状になった化合物を総称して**脂肪族（鎖式）炭化水素**，環状になったものを**環式炭化水素**といいます．そのうち，単結合のみの化合物を**飽和炭化水素**，二重結合や三重結合をもつものを**不飽和炭化水素**といいます．なお，ベンゼン環をもつものは独特の性質を有するので，とくに**芳香族炭化水素**と呼んで区別します．

有機化合物の分類 —官能基から

　多くの有機化合物には性質を決める原子団が結合しています．この原子団のことを**官能基**といいます．たとえば，ヒドロキシ基 $-OH$ をもつ化合物は総称して**アルコール**といいます．カルボキシ基 $-COOH$ をもつ化合物は**カルボン酸**といい，弱酸性を示します．

　これら官能基が結合する，炭素と水素からなる部分を**炭化水素基**といい，メチル基 CH_3-，エチル基 C_2H_5-

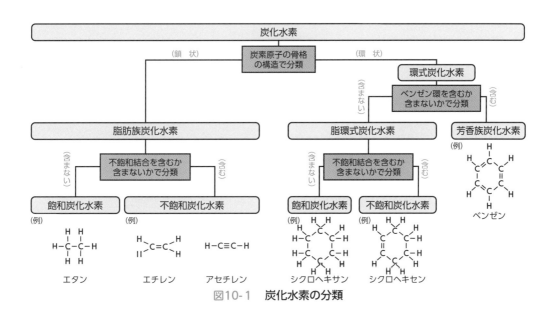

図10-1　炭化水素の分類

（あるいは $CH_3 - CH_2 -$ と表記される）などがあります．酢酸 $CH_3 - COOH$ は，メチル基にカルボキシ基が結合してできたものです（表10-1）.

表10-1　有機化合物に多く見られる官能基

官能基		化合物の一般名	化合物の例	
名　称	化学式		名　称	示性式
ヒドロキシ基（水酸基）	$-OH$	アルコールフェノール類	エタノールフェノール	C_2H_5OH C_6H_5OH
カルボニル基	$>C=O$	ケトン	アセトン	CH_3COCH_3
アルデヒド基	$-C\stackrel{H}{_{\parallel O}}$	アルデヒド	アセトアルデヒド	CH_3CHO
カルボキシ基	$-C\stackrel{OH}{_{\parallel O}}$	カルボン酸	酢酸	CH_3COOH
エーテル結合	$-O-$	エーテル	ジエチルエーテル	$C_2H_5OC_2H_5$
エステル結合	$-C-O-$ $_{\parallel O}$	エステル	酢酸エチル	$CH_3COOC_2H_5$

有機化合物の構造式

たとえばエタノールや酢酸の場合，次のような表し方があります（図10-2）.

構造式は原子同士の結合がわかるように表したもの

で，簡略化した書き方もあります（図10-2a, b）. 示性式は結合を簡略化しつつ官能基を表したものです（図10-2c）.

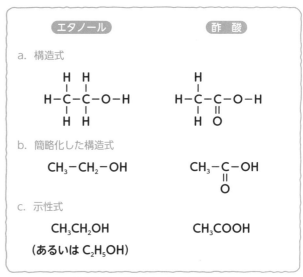

図10-2　エタノールと酢酸の例

このほか，構成する各原子の総数を表した分子式というものがあります. エタノールは C_2H_6O，酢酸は $C_2H_4O_2$ となりますが，構造異性体が区別できなくなる欠点があるため，具体的な化合物を指す際は使用しません. 構造異性体については第2節で解説します.

第2節 アルカン

アルカンとは

　鎖状の有機化合物を総称して**脂肪族化合物**といいます．そのうち，炭素原子と水素原子のみからなる化合物を**炭化水素**といいます．

　単結合のみでできている鎖式飽和炭化水素を総称して**アルカン**といい，有機化合物を考えるうえで基本となる化合物群です．最も簡単なアルカンにはメタン CH_4 やエタン C_2H_6 があります（図10-3）．

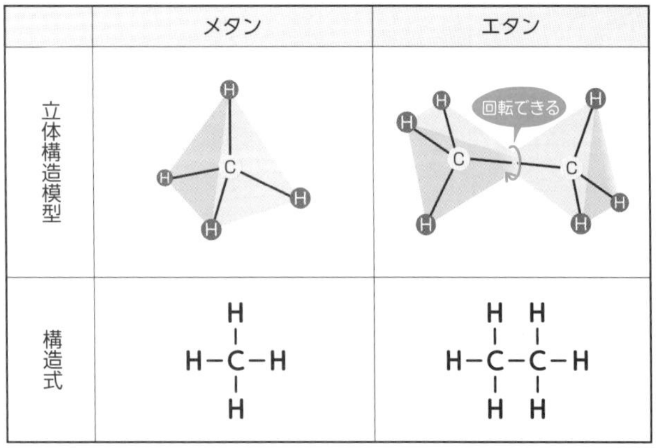

	メタン	エタン
立体構造模型		
構造式	H-C-H（上下にH）	H-C-C-H（上下にH）

図10-3　**メタンとエタンの構造**

　アルカンは燃焼熱が大きいので，燃料として利用されています．都市ガスはメタンとエタンが主成分です．プロパン C_3H_8 は，ボンベに詰めて各家庭に配送され，調理などに使われています．

　また，ブタン C_4H_{10} は使い捨てライターや料理の際に使われるカセットコンロのカートリッジの主成分であり，日常生活には欠かせません．

アルカンの名称

　アルカンの分子式は，次式で表され，炭素原子の数ごとに名称が異なります．

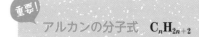

重要！
アルカンの分子式　C_nH_{2n+2}

　いずれも語尾が（－ane，アン）となっていることに注目しましょう（表10-2）．

表10-2　**アルカンの名称**

炭素数	名　前		分子式
1	メタン	methane	CH_4
2	エタン	ethane	C_2H_6
3	プロパン	propane	C_3H_8
4	ブタン	butane	C_4H_{10}
5	ペンタン	pentane	C_5H_{12}
6	ヘキサン	hexane	C_6H_{14}
7	ヘプタン	heptane	C_7H_{16}
8	オクタン	octane	C_8H_{18}
9	ノナン	nonane	C_9H_{20}
10	デカン	decane	$C_{10}H_{22}$

構造異性体

　メタン CH_4，エタン C_2H_6，プロパン C_3H_8 などは一種類の構造式しか描くことができませんが，ブタン C_4H_{10} では，炭素原子の並び方の違いによって2つの化合物が存在します．このように，分子式が同じで構造式が異なる化合物同士を互いに**構造異性体**といいます（図10-4）．構造異性体の命名法は，次節で扱います．

図10-4　**構造異性体の例**

シクロアルカン

シクロペンタン C_5H_{10} やシクロヘキサン C_6H_{12} のような環状の飽和炭化水素を**シクロアルカン**といいます．シクロアルカンの性質はアルカンとよく似ており，有機化学実験の溶媒として利用されています（図10-5）．

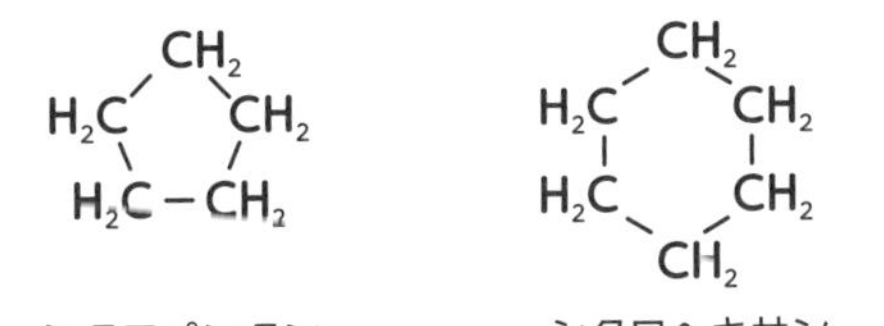

シクロペンタン　　　シクロヘキサン

図10-5　**シクロアルカンの例**

石油の精製

これらアルカンは，そのほとんどが石油から精製されたものです．地中からくみ上げられたままの石油を**原油**といいます（図10-6）．

図10-6　**原油の積み下ろし**

原油は粘り気があり，炭化水素のほか窒素や硫黄の化合物などを含みます．これを加熱することで，沸点の違う各成分へ分けることができます．この操作を**分留**といいます（図10-7）．

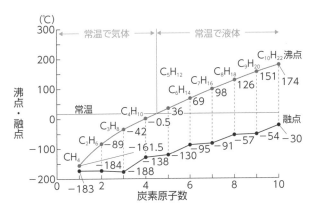

図10-7　**直鎖状のアルカンの状態**

また，石油からの精製物は多くの有機化合物の原料となっており，たとえば，後述するエチレンは工業的にはナフサ（沸点40〜80℃程度の炭化水素）の熱分解で得られます．

メタンからブタンまでは室温で気体，ペンタン以上は液体です（図10-8）．メタンやエタンは天然ガスとしても産出します．炭素原子の数が増えると沸点が高くなるのは分子間力が大きくなるからです（一般に分子量が大きいほど分子間力も強くなります）．沸点の違いによって燃料としての用途が異なります．

近年話題になっているメタンハイドレードは，メタンを含む氷のような物質です．深海に存在し，太平洋の日本側にも多く存在が確認されていることから，石油や天然ガスに代わる未来の代替エネルギーとして注目されています．

図10-8　**メタンハイドレードの燃焼**

第3節 アルカンの命名法

数詞

有機化合物の体系的な命名は，IUPAC（国際純正および応用化学連合）規則に基づいて行われます．まず，化合物の命名では，原子団の個数を表す数詞を用います（表10-3）.

表10-3　化学における数詞

	読み	綴り		読み	綴り
1	モノ	mono-	11	ウンデカ	undeca-
2	ジ	di-	12	ドデカ	dodeca
3	トリ	tri-	13	トリデカ	trideca-
4	テトラ	tetra-	14	テトラデカ	tetradeca-
5	ペンタ	penta-	15	ペンタデカ	pentadeca-
6	ヘキサ	hexa-	16	ヘキサデカ	hexadeca-
7	ヘプタ	hepta-	17	ヘプタデカ	heptadeca-
8	オクタ	octa-	18	オクタデカ	octadeca-
9	ノナ	nona-	19	ノナデカ	nonadeca-
10	デカ	deca	20	イコサ	icosa-

直鎖のアルカン

枝分かれのないアルカン alkane は，表10-2のように炭素数にしたがって名称が与えられます．炭素数が5以上のアルカンは，表10-3の数詞に語尾 –ane（－アン）をつけたものになっています.

たとえば，ヘキサンは炭素原子6個が直線状に並んだ炭化水素です．その分子式は C_6H_{14}，構造式は以下のように表されます（図10-9）.

$$CH_3-CH_2-CH_2-CH_2-CH_2-CH_3$$
ヘキサン（hexane）

図10-9　直鎖アルカンの構造式と名称

また，炭化水素基もアルカンの命名法を利用します（図10-10）.

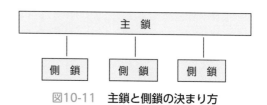

CH_3-　メチル基　　C_2H_5-　エチル基
C_3H_7-　プロピル基

図10-10　炭化水素基の例

炭化水素基を総称してアルキル基といいます.

枝分かれのある炭化水素

枝分かれのある炭化水素では，分子のなかで最も炭素原子の多い直鎖構造を主鎖とし，そこにメチル基などの側鎖が結合していると考えます（図10-11）.

主鎖		
側鎖	側鎖	側鎖

図10-11　主鎖と側鎖の決まり方

ペンタン C_5H_{12} の構造異性体で考えてみましょう.

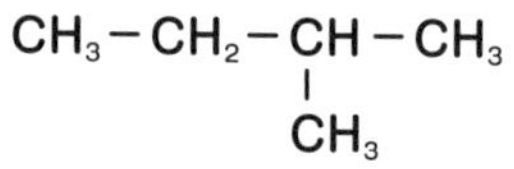

$$CH_3-CH_2-CH-CH_3$$
$$|$$
$$CH_3$$

たとえば，この化合物の場合，主鎖は炭素原子4個からなる部分です.

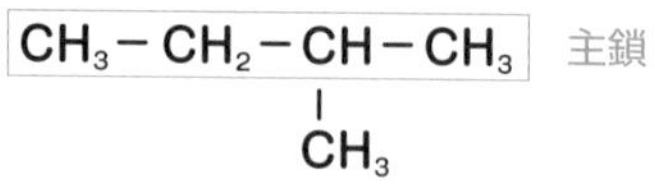

$$\boxed{CH_3-CH_2-CH-CH_3}$$ 主鎖
$$|$$
$$CH_3$$

また，側鎖のメチル基 CH_3- は主鎖の端から数えて何番目の炭素原子に結合しているかで表します．右から2番目，左から3番目の炭素原子と結合していますが，番号の小さい方を採用します（ここでは右から「2」番目）.

$$1 \quad 2 \quad 3 \quad 4 \quad \text{左から数えると…}$$
$$4 \quad 3 \quad 2 \quad 1 \quad \text{右から数えると…}$$

$$\boxed{CH_3-CH_2-CH-CH_3} \quad 主鎖$$
$$\qquad\qquad\quad | $$
$$\qquad\qquad\quad CH_3 \quad 側鎖$$

したがって，この化合物は 2-メチルブタン（2-methylbutane）です．

また，次の化合物の場合はどうでしょうか．

$$CH_3$$
$$|$$
$$CH_3-C-CH_3$$
$$|$$
$$CH_3$$

主鎖の炭素原子の数は3で，メチル基は左右どこから読んでも2番目に存在します．このように，複数の官能基が存在する場合は，位置番号をすべて記し，官能基の名称の前に，ジ（di），トリ（tri），などの数詞をつけ，官能基の個数の和を示します．したがって，2,2-ジメチルプロパン（2,2-dimethylpropane）となります（図10-12）．

$$CH_3 \qquad\qquad 側鎖$$
$$|$$
$$\boxed{{}^3CH_3-{}^2C-CH_3} \qquad 主鎖$$
$$|$$
$$CH_3 \qquad\qquad 側鎖$$

2番目の炭素に2個のメチル基がついているので

2，2-ジメチルプロパン

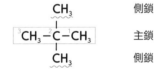

1個目のメチル基がついている炭素の番号　　2個目のメチル基がついている炭素の番号　　メチル基が2個なので「2」を表す「ジ」をつける

図10-12　側鎖から名前を決める方法

ペンタンには直鎖の化合物のほか，以上のような2つの構造異性体が存在します．

続いて，ヘキサン C_6H_{14} の場合で練習してみましょう．

【問】　次の①〜⑤の物質について，和名と英名を示しなさい．

① $CH_3-CH_2-CH_2-CH_2-CH_2-CH_3$

② $CH_3-CH_2-CH_2-CH-CH_3$
$$\qquad\qquad\qquad\qquad | $$
$$\qquad\qquad\qquad\qquad CH_3$$

③ $CH_3-CH_2-CH-CH_2-CH_3$
$$\qquad\qquad\qquad | $$
$$\qquad\qquad\qquad CH_3$$

④ $CH_3-CH-CH-CH_3$
$$\qquad\qquad | \quad | $$
$$\qquad\qquad CH_3 \ CH_3$$

⑤ $\qquad\qquad CH_3$
$$\qquad\qquad\qquad | $$
$$CH_3-CH_2-C-CH_3$$
$$\qquad\qquad\qquad | $$
$$\qquad\qquad\qquad CH_3$$

【解答】
① 和名：ヘキサン
　 英名：hexane
② 和名：2-メチルペンタン
　 英名：2-methylpentane
③ 和名：3-メチルペンタン
　 英名：3-methylpentane
④ 和名：2,3-ジメチルブタン
　 英名：2,3-dimethylbutane
⑤ 和名：2,2-ジメチルブタン
　 英名：2,2-dimethylbutane

ヘプタン C_7H_{16} の構造異性体は9種類，オクタン C_8H_{18} の構造異性体は18種類あり，炭素原子の数が増えるごとにその数は飛躍的に増加していきます．

コンピュータの計算ではイコサン $C_{20}H_{42}$ の構造異性体は 366,319 種類もあるということです．このなかには，紙には書けても，立体障害から実際には存在しえない分子も相当数存在します．

STEP UP　構造式の略し方 ①

　有機化合物の構造式を表す際は，炭素原子と水素原子を省略した形の構造式を表すことがあります.

　多くは直鎖の炭素原子が3個以上の場合に用いられ，たとえば，プロパンの場合，通常の構造式と並べて比較してみると次のようになります（図1）.

$$CH_3-CH_2-CH_3$$

図1　プロパンの構造式と略式

頂点および末端に炭素原子が位置しています.
ブタンの2つの構造異性体の場合は次のように表されます（図2）.

$$CH_3-CH_2-CH_2-CH_3$$

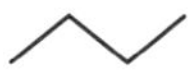

$$CH_3-CH-CH_3$$
$$\quad\quad\;\; CH_3$$

図2　ブタンの構造異性体と略式

同様に，ヘキサン，ヘプタンの場合は以下の図3，4のようになります.

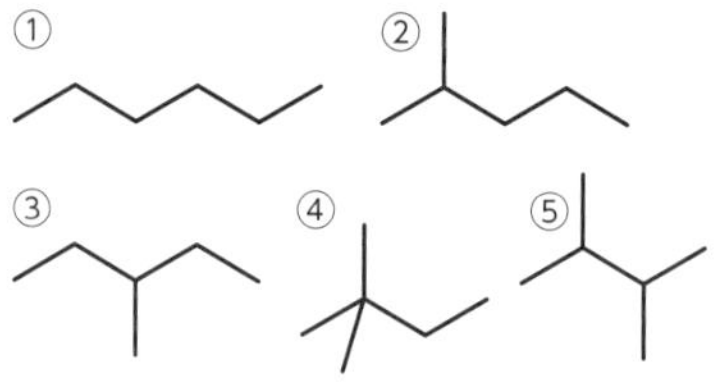

① ② ③ ④ ⑤

図3　ヘキサンの構造異性体の略式

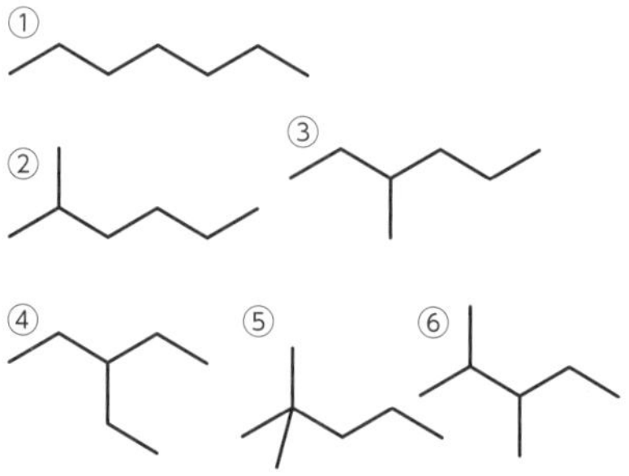

① ② ③ ④ ⑤ ⑥

図4　ヘプタンの構造異性体（一部）の略式

第4節　アルケンとアルキン

アルケン

　$C=C$二重結合を1個もつ炭化水素を**アルケン**といいます. アルケンの分子式は次式で表され，その代表的なものはエチレンC_2H_4です.

重要!
アルケンの分子式　C_nH_{2n}

　エチレン$CH_2=CH_2$は図10-13のような構造をしており，すべての原子が同一平面上に存在しています.

∠HCHは120°であり，$C=C$二重結合は回転できません.

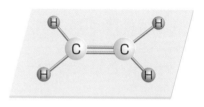

図10-13　エチレンの構造

その他のアルケン

　プロピレンC_3H_6（プロペン）はエチレンと同様に高分

子化合物の原料として重要で，示性式は$CH_2＝CHCH_3$で表されます．

ブテンC_4H_8には，構造異性体が存在します（図10-14）．

二重結合が末端にあるもの

$CH_2＝CH－CH_2－CH_3$　1-ブテン

$CH_2＝C(CH_3)_2$　2-メチルプロペン

二重結合が分子の中央にあるもの

$CH_3－CH＝CH－CH_3$　2-ブテン

図10-14　**ブテンの構造異性体の示性式**

2-ブテンの二重結合は回転できないので，下にあげる2種類の異性体が存在し，互いに融点や沸点などの物理的性質が異なります（図10-15）．

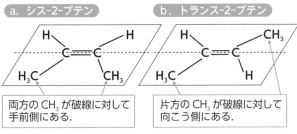

a. シス-2-ブテン　　b. トランス-2-ブテン

両方のCH₃が破線に対して手前側にある．

片方のCH₃が破線に対して向こう側にある．

図10-15　**2-ブテンの幾何異性体**

メチル基が同じ側にあるものを**シス型**，反対側にあるほうを**トランス型**といいます．このような異性体を**幾何異性体**（シス・トランス異性体）といい，別々の化合物として扱います．したがって，「ブテンC_4H_8の構造異性体は何種類？」と問われた場合は4種類となります．

エチレンの用途

臭素水にエチレンを通すとエチレンの二重結合が切れ，そこに臭素原子が結合した1, 2-ジブロモエタンが得られます．このような，二重結合や三重結合の部分に原子団が結合する反応を**付加反応**といいます．

エチレンの付加反応を表したものが図10-16です．付加反応によって，さまざまな物質へ変換できます．

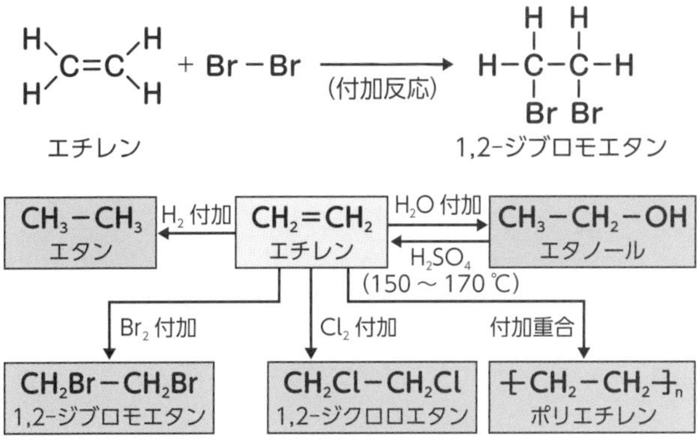

$$H_2C＝CH_2 + Br－Br \xrightarrow{（付加反応）} H_2C(Br)－C(Br)H_2$$

エチレン　　　　　　　　　　　1,2-ジブロモエタン

$CH_3－CH_3$（エタン）$\xleftarrow{H_2付加}$ $CH_2＝CH_2$（エチレン）$\xrightarrow[H_2SO_4]{H_2O付加}$ $CH_3－CH_2－OH$（エタノール）（150〜170℃）

$CH_2Br－CH_2Br$（1,2-ジブロモエタン）$\xleftarrow{Br_2付加}$　$\xrightarrow{Cl_2付加}$ $CH_2Cl－CH_2Cl$（1,2-ジクロロエタン）　$\xrightarrow{付加重合}$ ┤$CH_2－CH_2$├$_n$（ポリエチレン）

図10-16　**エチレンの反応**

エチレンは，適切な触媒（チーグラー・ナッタ触媒が典型的です）を用いると，エチレン分子同士で付加反応が起こり，一本の長い分子（ポリエチレン）が得られます．数多くのアルケンが結合して分子量の大きい高分子化合物になる反応のことを**付加重合**といいます．[　]は繰り返し単位を表すときに用い，nはその構造が多数繰り返されていることを意味します．

アルキン

$C≡C$三重結合を1個もつ炭化水素を**アルキン**といいます．アルキンの分子式は次式で表され，その代表的なものはアセチレンC_2H_2です．

重要!　アルキンの分子式　C_nH_{2n-2}

アセチレン$CH≡CH$は図10-17のような構造をしており，すべての原子が一直線上に存在しています．

H—C≡C—H

図10-17　**アセチレンの構造**

アセチレンの反応を表したものが図10-18です．エチレンと同じく，三重結合は付加反応します．

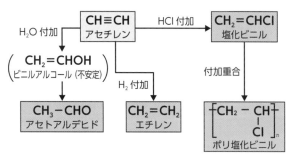

図10-18　**アセチレンの反応**

図10-19　**ポリ塩化ビニル製配管**
左側の装置はドラフト（強制排気装置）といいます．有臭の化合物を
扱ったり，危険な反応を行う際に使います．

アセチレンに水が付加すると，いったんはビニルアルコール $CH_2 = CHOH$ に変化しますが，これは不安定なため，ただちにアセトアルデヒドになります．

ポリ塩化ビニルは塩ビパイプのような住宅用建材として日常生活に不可欠です（図10-19）．

⧵応用編！⧸ ワンポイント化学講座

アルカンの置換反応

アルカンに，紫外線を照射すると水素原子を塩素原子に置換させることができます（図1）．

クロロホルムはかつて麻酔薬として利用されており，1857年に，医師ジョン・スノー John Snow がヴィクトリア女王にクロロホルム麻酔を行い無痛分娩に成功しました．その後，外科手術の際の麻酔薬としての利用が，ヨーロッパで急速に広まりました．しかし毒性が強く副作用も大きいので，20世紀の初頭には，麻酔薬としての主力はジエチルエーテル $C_2H_5OC_2H_5$ へと移行しました．今日では図2のような吸入麻酔薬がよく利用されており，いずれもハロゲン原子を含みます．

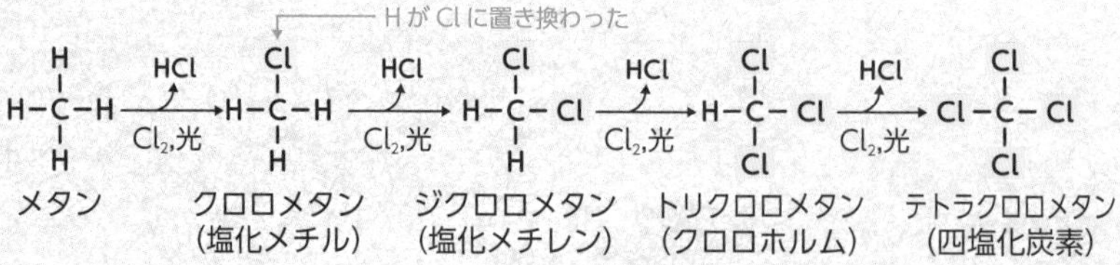

┌─ H が Cl に置き換わった

メタン　　クロロメタン（塩化メチル）　　ジクロロメタン（塩化メチレン）　　トリクロロメタン（クロロホルム）　　テトラクロロメタン（四塩化炭素）

図1　**メタンの置換反応**

$$CF_3 - CHCl - O - CF_3 \quad (CH_3)_2CH - O - CF_3$$
イソフルラン　　　　　　　セボフルラン

図2　**吸入麻酔薬の例**

第10章 章末問題

① 次の化合物の構造式を記しなさい.

a. エタン　　b. ヘキサン　　c. シクロヘキサン　　d. クロロホルム　　e. 2,2-ジメチルプロパン

f. 1,2-ジブロモエタン　　g. トランス-2-ブテン　　h. 1-ブテン　　i. プロピン

② 炭化水素に関する次の記述について正誤を判断し,正しければ○,誤っていれば×を記しなさい.

① アルケンは,水には溶けやすいが有機溶媒には溶けにくい.

② エチレンのすべての原子は同一平面上に存在する.

③ アセチレンに水を付加させると,エタノールが得られる.

④ 右の化合物は,互いに異なる化合物である.

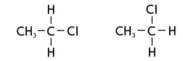

③ アルカンと塩素の混合物に,光を照射すると,水素原子が塩素原子で置換される.この反応で生成するモノクロロ置換体（一塩素化物）の構造異性体の数を調べ,アルカンを互いに識別する方法がある.ペンタンの各異性体について,それぞれ何種類のモノクロロ置換体が得られるか調べなさい.

④ 石油,石炭,天然ガスに関する記述として,誤りを含むものを,次のア～オのうちから一つ選びなさい.

ア 石炭は,陸上植物が堆積し,変化したものである.

イ 石油は,自動車用燃料としてだけではなく,発電用燃料などとしても使われている。

ウ 石油の主成分は種々の炭化水素であり,硫黄化合物なども含まれている.

エ 現在,日本では,必要な石油や石炭のほとんどを輸入している.

オ 天然ガスの主成分はエチレンであり,都市ガスとして用いられている.

⑤ 次の文章を読み,問いに答えなさい.

　5.60 g のアルケン C_nH_{2n} に臭素（分子量 160）を完全に反応させ,37.6 g の化合物 $C_nH_{2n}Br_2$ を得た.このアルケンのもつ炭素原子の数 n はいくつか,整数で答えなさい.

⑥ ペンタンの構造異性体について,炭素原子と水素原子の表記を省略した形の構造式を答えなさい.

⑦ p.92のSTEP UP「構造式の略し方①」の図3,4にあげた化合物について,化合物の名称をそれぞれ答えなさい.

⑧ p.92のSTEP UP「構造式の略し方①」の図4のヘプタンの構造異性体のうち,掲載されていない残り3種類の構造異性体について,炭素原子と水素原子の表記を省略した形の構造式,および名称を答えなさい.

第11章

有機化合物　② 脂肪族化合物

　有機化合物は，かつて生命現象の結果得られたものを利用していました．酒類に含まれるエタノールや食酢に含まれる酢酸などは微生物による発酵・分解によってできたものです．

　現在では，有機化学反応を体系立てて学ぶことができ，さまざまな化合物が工業的なスケールで合成されています．本章では，有機化合物のなかでも，酸素原子を含む化合物についてその性質を学びます．

> **●キーワード** アルコール，エーテル，アルデヒド，ケトン，カルボン酸，エステル，
> 不斉炭素原子，光学異性体

第1節　アルコール

アルコールの構造

　脂肪族炭化水素の水素原子をヒドロキシ基－OHで置換したものを**アルコール**といいます（図11-1）．

> **R－OH**
>
> 一価アルコールの一般式
> （Rは炭化水素基）

図11-1　アルコールの構造

　最も簡単なアルコールは炭素原子を1つもつメタノール CH_3OH です．メタノールはかつて木精と呼ばれ，木材の乾留で得られていましたが，現在，工業的には天然ガスや石炭を原料に以下の反応で得ることができます．

$$CO + 2H_2 \longrightarrow CH_3OH$$

　メタノールはホルマリンの原料，燃料として使われるほか，石油代替燃料として期待されています．

　代表的なアルコールの例を表11-1にあげます．

表11-1　代表的なアルコール

名　前	構造式	沸点(℃)
メタノール	CH_3-OH	65
エタノール	CH_3-CH_2-OH	78
1-プロパノール	$CH_3-CH_2-CH_2-OH$	97
2-プロパノール	$CH_3-CH-CH_3$ $\quad\ \ OH$	82

　エタノール C_2H_5OH は最も重要なアルコールの1つです．炭素原子を3個もつプロパノールには2つの構造異性体が存在することに注意しましょう．

　分子中にヒドロキシ基を1個もつアルコールを**一価アルコール**といいます．このほか，ヒドロキシ基を複数もつ**多価アルコール**が存在します．

　たとえば，二価のアルコールであるエチレングリコールは不凍液（寒冷地でも凍結しない自動車の循環液）や，ペットボトルでおなじみのポリエチレンテレフタレート樹脂の原料として利用されています．

　また，グリセリンはヒドロキシ基を3個もつ，三価アルコールで，油脂を構成する成分の1つです．保水性が高いことから，化粧品に含まれるほか，浣腸液にも使われます（図11-2）．

$$CH_2-OH \quad\quad CH_2-OH$$
$$CH_2-OH \quad\quad CH-OH$$
$$\quad\quad\quad\quad\quad\quad\quad CH_2-OH$$

図11-2　エチレングリコールとグリセリン

アルコールの級数

アルコールを，ヒドロキシ基 −OH が結合している炭素原子の環境によって区別することがあります．

ヒドロキシ基が末端に結合しているアルコールを第一級アルコールといいます．メタノール，エタノール，1-プロパノールは第一級アルコールです．

また，ヒドロキシ基に結合している炭素原子にほかの炭素原子が2個（水素原子が1個）結合しているものを第二級アルコールといいます．2-プロパノールは第二級アルコールです．

ヒドロキシ基に結合している炭素原子にほかの炭素原子が3個（水素原子が0個）結合しているものを第三級アルコールといいます．これらをまとめたものが表11-2です．

表11-2　アルコールの級数

分　類	構造式	示性式
第一級アルコール	$\overset{H}{\underset{H}{R-C-OH}}$	CH_3-CH_2-OH
		$CH_3-CH_2-CH_2-OH$
第二級アルコール	$\underset{R'}{\overset{R}{\diagdown}}CH-OH$	$\underset{OH}{CH_3-CH-CH_3}$
第三級アルコール	$\underset{R''}{\overset{R}{R'-C-OH}}$	$\underset{CH_3}{\overset{CH_3}{CH_3-C-OH}}$

アルコールの構造異性体

炭素原子を3つもつプロパノール C_3H_7OH の異性体は1-プロパノール，2-プロパノールの2種類が存在します（表11-1）．

炭素原子を4つもつブタノール C_4H_9OH の異性体は

表11-3のように4種類存在します．級数もあわせて確認しましょう．

表11-3　ブタノールの構造異性体

分　類	名　前	構造式
第一級アルコール	1-ブタノール	$CH_3-CH_2-CH_2-CH_2-OH$
	2-メチル-1-プロパノール	$\underset{CH_3}{CH_3-CH-CH_2-OH}$
第二級アルコール	2-ブタノール	$\underset{OH}{CH_3-CH-CH_2-CH_3}$
第三級アルコール	2-メチル-2-プロパノール	$\overset{OH}{\underset{CH_3}{CH_3-C-CH_3}}$

エタノールの反応

エタノール C_2H_5OH はかつて酒精と呼ばれていました．トウモロコシやサトウキビに含まれる糖類やデンプンの発酵で得られ，各種アルコール飲料に含まれています．工業的にはエチレンから以下の反応で得られます．

$$CH_2 = CH_2 + H_2O \longrightarrow C_2H_5OH$$

エタノールは工業製品の原料となるほか，国によっては，バイオエタノールとして，ガソリンに添加して使用されています．

エタノールを濃硫酸の存在下 160〜170 ℃ に加熱するとエチレンが得られます．

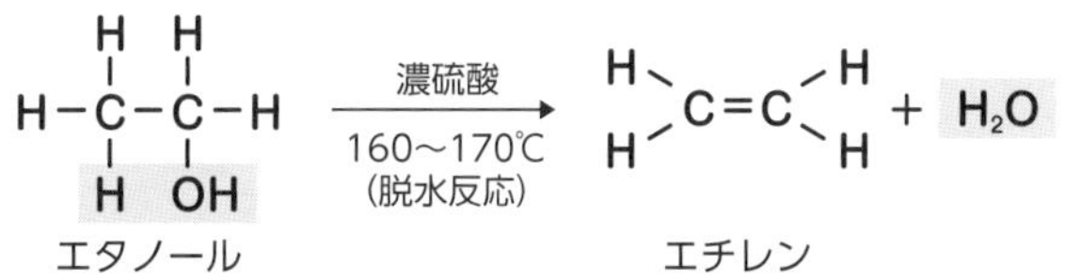

$$\underset{\text{エタノール}}{\overset{H\ H}{\underset{H\ OH}{H-C-C-H}}} \xrightarrow[\substack{160〜170℃ \\ （脱水反応）}]{濃硫酸} \underset{\text{エチレン}}{\overset{H}{\underset{H}{\diagdown}}C=C\overset{H}{\underset{H}{\diagup}}} + H_2O$$

また，エタノールを濃硫酸の存在下 130〜140 ℃ に加熱するとジエチルエーテルが得られます．

$$2CH_3CH_2OH \xrightarrow[\substack{130〜140℃ \\ （脱水反応）}]{濃硫酸} C_2H_5OC_2H_5 + H_2O$$

濃硫酸を触媒とするアルコールの脱水は，実験室的な製法として利用されています．

アルコールとエーテル

アルコールの構造異性体に，エーテルと呼ばれる化合物群があります（図11-3）．

R₁−O−R₂
エーテルの一般式
（R₁，R₂は炭化水素基）

図11-3　エーテルの構造

最も簡単なエーテルは炭素原子を2つもつジメチルエーテル CH₃OCH₃ で，中央の酸素原子の両側にメチル基が結合しています．このような結合をエーテル結合といいます．ジメチルエーテルはエタノールの構造異性体です（図11-4）．

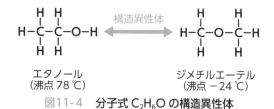

エタノール
（沸点78℃）

構造異性体

ジメチルエーテル
（沸点 −24℃）

図11-4　分子式 C₂H₆O の構造異性体

実験室でしばしば利用されるエーテルにはジエチルエーテル C₂H₅OC₂H₅ があります．ジエチルエーテルは沸点34℃，独特の刺激臭をもち，引火性がある液体で，さまざまな有機化合物を溶かすことから，有機溶媒として利用されます．

エーテルは同じ炭素数のアルコールと比べて沸点が低いという特徴があります（表11-4）．

表11-4　アルコールとエーテルの沸点の比較

名　称	示性式	沸点（℃）
エタノール	C₂H₅OH	78
ジメチルエーテル	CH₃OCH₃	−24

その理由は，アルコールはヒドロキシ基をもつため，分子間に水素結合という強い引力が働き，結合を切り離

すのにエネルギーが多く必要です．しかし，エーテルは酸素原子の両側に炭素原子が結合しており，水素結合しないため，沸点が低くなります．

アルコールとエーテルを区別する実験として，金属ナトリウムとの反応がよく利用されます．アルコールは金属ナトリウムと反応して水素を発生します．

エタノールの場合，次式のような反応が起こります．

2C₂H₅OH + 2Na ⟶ 2C₂H₅ONa + H₂
ナトリウムエトキシド

しかし，エーテルは金属ナトリウムと反応しません（図11-5）．

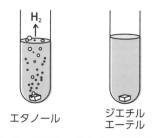

エタノール　　ジエチルエーテル

図11-5　アルコールとエーテルの区別

金属ナトリウムを利用するとヒドロキシ基の存在の有無がわかります．金属ナトリウムは灯油（炭素原子の数の多いアルカン）のなかで保存します（図11-6）．

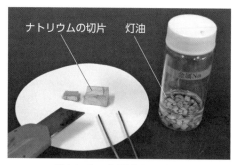

ナトリウムの切片　　灯油

図11-6　金属ナトリウム

そのほか，環状エーテルという化合物群が存在します（図11-7）．これらは化学反応を起こしにくいため，有機反応の際の溶媒としてよく利用されます．

テトラヒドロフラン　　　テトラヒドロピラン

図11-7　環状エーテルの例

有機化合物の示性式

　有機化合物の構造を示す際，構造式を記すのは面倒な場合があります．そのため，示性式と呼ばれる表記法が存在します．示性式では，結合を表す線（価標）を使わずに，側鎖を括弧でくくり，官能基を略した表記で表します．

　たとえば，炭化水素では表11-5のようになります．

　2-ブテンの場合，示性式では，幾何異性体は表現できなくなることに注意しましょう．

　また，アルコールでは表11-6のようになります．

　エタノールをC_2H_5OHとすることは可能ですが，プロパノールをC_3H_7OHと略すと，構造異性体が区別できなくなりますので，望ましくありません．

表11-5　炭化水素の構造式と示性式

構造式	示性式
$CH_3 - CH - CH_2 - CH_3$ \ $\qquad\quad CH_3$	$CH_3CH(CH_3)CH_2CH_3$ \ または $(CH_3)_2CHCH_2CH_3$
$CH_2 = C - CH_2 - CH_3$ \ $\qquad\quad CH_3$	$CH_2 = C(CH_3)CH_2CH_3$
$CH_3 - CH = CH - CH_3$	$CH_3CH = CHCH_3$

表11-6　アルコールの構造式と示性式

構造式	示性式
$CH_3 - OH$	CH_3OH
$CH_3 - CH_2 - OH$	CH_3CH_2OH または C_2H_5OH
$CH_3 - CH_2 - CH_2 - OH$ \ $CH_3 - CH - CH_3$ \ $\qquad\quad OH$	$CH_3CH_2CH_2OH$ \ $CH_3CH(OH)CH_3$

STEP UP　構造式の略し方 ②

　第10章の続きです．炭素原子と水素原子を省略した骨格構造式を表してみましょう．アルコールの場合はヒドロキシ基は－OHで表します（表1〜3）．

表1　分子式C_3H_8Oのアルコールとエーテル

構造式	骨格構造式
$CH_3 - CH_2 - CH_2 - OH$	 ⌒⌒OH
$CH_3 - CH - CH_3$ \ $\qquad OH$	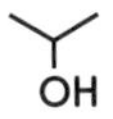 Y OH
$CH_3 - CH_2 - O - CH_3$	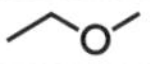 ⌒⌒O

表2　分子式$C_4H_{10}O$のアルコール

構造式	骨格構造式
$CH_3 - CH_2 - CH_2 - CH_2 - OH$	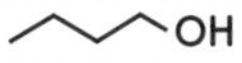 ⌒⌒⌒OH
$CH_3 - CH - CH_2 - OH$ \ $\qquad\quad CH_3$	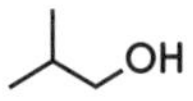 ⋏OH
$CH_3 - CH - CH_2 - CH_3$ \ $\qquad OH$	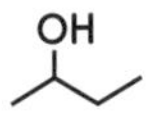 OH
$\qquad\quad OH$ \ $CH_3 - C - CH_3$ \ $\qquad\quad CH_3$	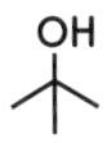 OH

表3　分子式$C_4H_{10}O$のエーテル

構造式	骨格構造式
$CH_3 - O - CH_2 - CH_2 - CH_3$	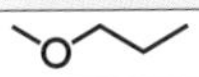 O⌒⌒
$CH_3 - O - CH - CH_3$ \ $\qquad\qquad CH_3$	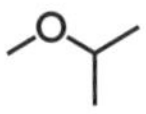 O⋏
$CH_3 - CH_2 - O - CH_2 - CH_3$	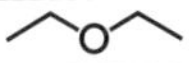 ⌒O⌒

第 2 節 アルコールの酸化

第一級アルコールの酸化

アルコールのヒドロキシ基は酸化されやすい性質があります. このとき, アルコールの級数によって, 酸化された後の化合物が異なります.

アルデヒド, カルボン酸は第一級アルコールの酸化で得られる物質です. 酸化剤としては工業的には酸素, 実験室では二クロム酸カリウム $K_2Cr_2O_7$ や過マンガン酸カリウム $KMnO_4$ がよく用いられます (図11-8).

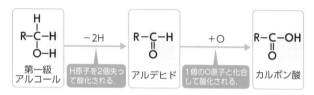

図11-8　第一級アルコールの酸化

たとえば, メタノールの場合, 図11-9のように変化します.

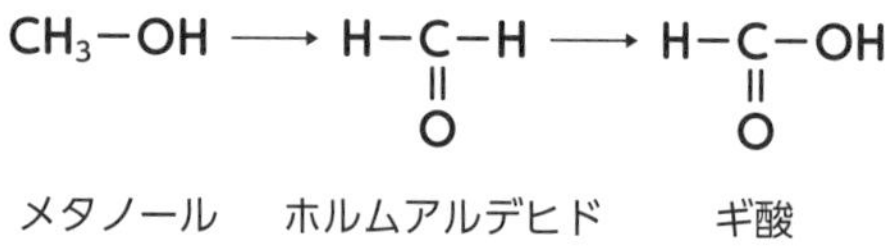

$$CH_3-OH \longrightarrow H-C-H \longrightarrow H-C-OH$$

メタノール　　ホルムアルデヒド　　ギ酸

図11-9　メタノールの酸化

炭素数2のエタノールの場合は, 図11-10のように変化します.

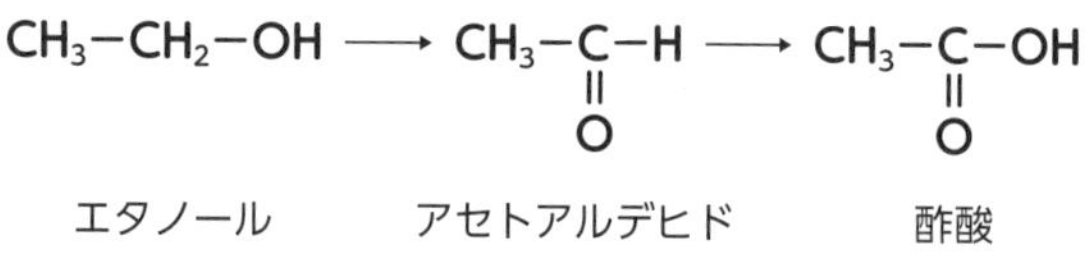

$$CH_3-CH_2-OH \longrightarrow CH_3-C-H \longrightarrow CH_3-C-OH$$

エタノール　　アセトアルデヒド　　酢酸

図11-10　エタノールの酸化

いずれも重要な化合物ですので, 名称と構造式は把握しておきましょう.

アルデヒド

アルデヒドは図11-11のような構造をもった化合物で, さらに酸化されるとカルボン酸になります.

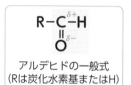

アルデヒドの一般式
(Rは炭化水素基またはH)

図11-11　アルデヒドの構造と分極

アルデヒドのカルボニル基 (C＝Oの部分) は, 炭素原子は正の, 酸素原子は負の電荷をもって分極しています. これを極性をもつといいます. 水も極性をもつ分子です. したがって, 炭素数の少ないアルコール, アルデヒドやカルボン酸は水に溶けます.

ホルムアルデヒド HCHO は無色刺激臭の気体で, 一般にその 37 % 水溶液をホルマリンといいます. ホルマリンはタンパク質を変性させるので, 消毒や殺菌に使われます. ホルムアルデヒドは尿素樹脂やフェノール樹脂の原料としても使われています.

アセトアルデヒド CH_3CHO は有臭の液体です. 飲酒後のエタノールが代謝される際にできるアセトアルデヒドは二日酔いの原因となります. また, 接着剤, 塗料や木材に含まれるアルデヒドは, シックハウス症候群の原因と考えられています.

第二級アルコールの酸化とケトン

ケトンは第二級アルコールの酸化で得られる物質です. アルデヒドとケトンが有する C＝O という官能基をカルボニル基といいます (図11-12).

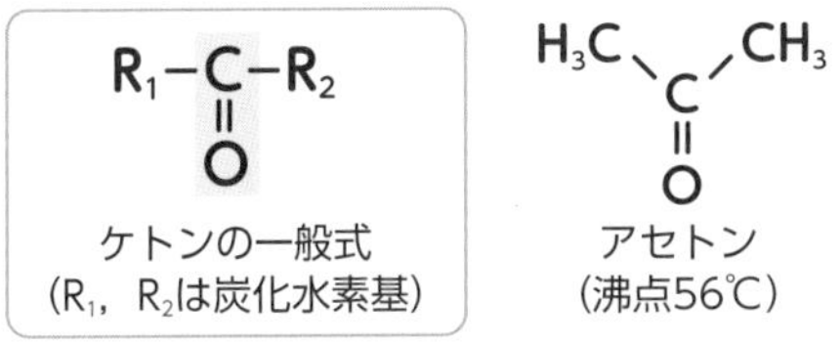

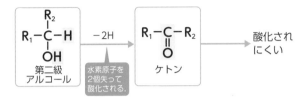

図11-12　ケトンの構造とアセトン

最も重要なケトンは，2-プロパノールを酸化して得られる**アセトン**です．アセトンはカルボニル結合している炭素原子に水素原子は結合していないので，通常さらに酸化されることはありません（図11-13）．

図11-13　第二級アルコールの酸化

アセトンは室温では液体で，有機反応の溶媒として使われます．

第三級アルコールは通常の条件では酸化されません（図11-14）．

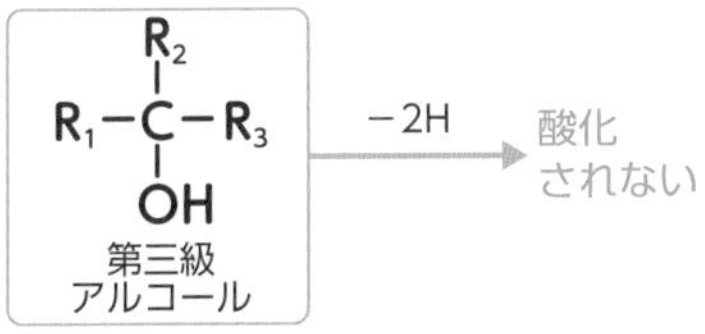

図11-14　第三級アルコールの酸化

アルデヒドの検出

アルデヒドが酸化されやすいことを利用して，それを検出する反応（定性反応）が知られています．

銀鏡反応

アンモニア性硝酸銀水溶液（Tollens試薬）にアルデヒドを加えて加熱すると，試験管の内側に銀の薄膜が形成されます．

$$RCHO + 2[Ag(NH_3)_2]^+ + 3OH^-$$
$$\longrightarrow RCOO^- + 2Ag + 4NH_3 + 2H_2O$$

フェーリング反応

フェーリング液にアルデヒドを加えて加熱すると，酸化銅（I）Cu_2Oの赤色沈殿が析出します．化学の世界ではフェーリング液の名で親しまれていますが，アメリカのベネジクトが糖尿病の診断キットとして改良したため，生化学分野では**ベネジクト試薬**と呼ばれます．両者の組成はやや異なります．

図11-15は，水溶性のアルデヒドに対して銀鏡反応とフェーリング反応を行ったものです．

図11-15　銀鏡反応とフェーリング反応

第3節 カルボン酸とエステル

カルボン酸の種類と構造

カルボン酸は分子中にカルボキシ基 −COOH をもっています（図11-16）．また，一価のカルボン酸のことを脂肪酸ということがあります．とくに，炭素数が12以上のものを高級脂肪酸といい，油脂に含まれます．

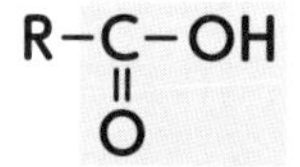

$$R-\underset{\underset{O}{\|}}{C}-OH$$

一価カルボン酸の一般式
（Rは炭化水素基またはH）

図11-16　カルボン酸の構造

ギ酸と酢酸

ギ酸 HCOOH はホルムアルデヒドを酸化して得られる酸です．蟻酸の名のとおり，一部のアリが毒液として利用しています．ギ酸のエステルは香料として利用されています．

酢酸 CH₃COOH は食酢中に含まれており，寿司などでおなじみです．純度の高い酢酸を氷酢酸といい，冬場は凍結します．また，酢酸を十酸化四リンで脱水すると無水酢酸となります（図11-17）．

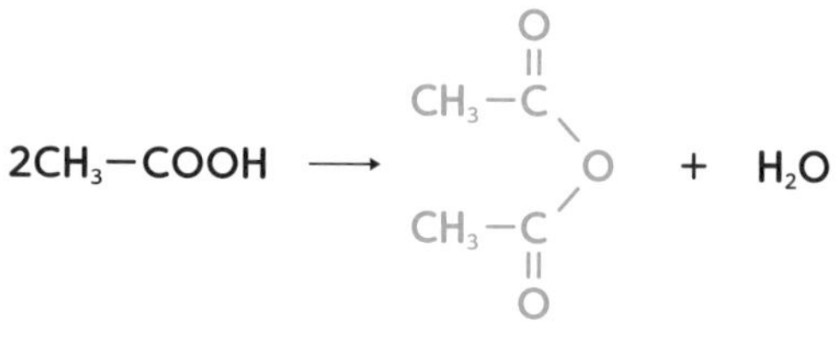

$$2CH_3-COOH \longrightarrow \underset{無水酢酸}{CH_3-\underset{\underset{O}{\|}}{C}-O-\underset{\underset{O}{\|}}{C}-CH_3} + H_2O$$

図11-17　酢酸の脱水反応

カルボン酸の反応

炭素数の少ないカルボン酸は水に溶け，弱酸性を示します．たとえば酢酸の場合，

$$CH_3COOH \rightleftharpoons CH_3COO^- + H^+$$

のように，水素イオンが生じます．

また，炭酸水素ナトリウムと反応して二酸化炭素を発生します．

$$CH_3COOH + NaHCO_3$$
$$\longrightarrow CH_3COONa + H_2O + CO_2$$

これらは，カルボン酸の検出反応としてよく利用されます．

二価カルボン酸

マレイン酸とフマル酸は二価のカルボン酸で，これらは互いに幾何異性体です（図11-18）．フマル酸は炭酸水素ナトリウムとともに発泡入浴剤の成分であり，水に溶かすと二酸化炭素を発生します．

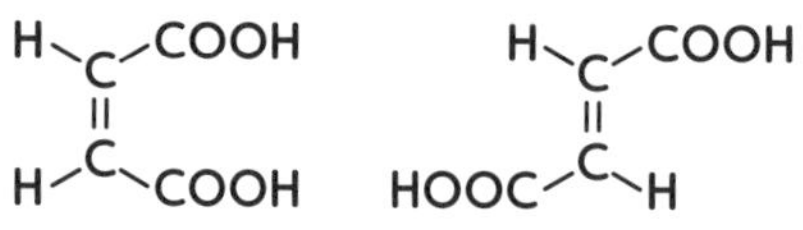

図11-18　マレイン酸とフマル酸

また，マレイン酸を加熱すると分子内で脱水し，無水マレイン酸となります（図11-19）．無水マレイン酸は医薬品や高分子化合物の原料となります．

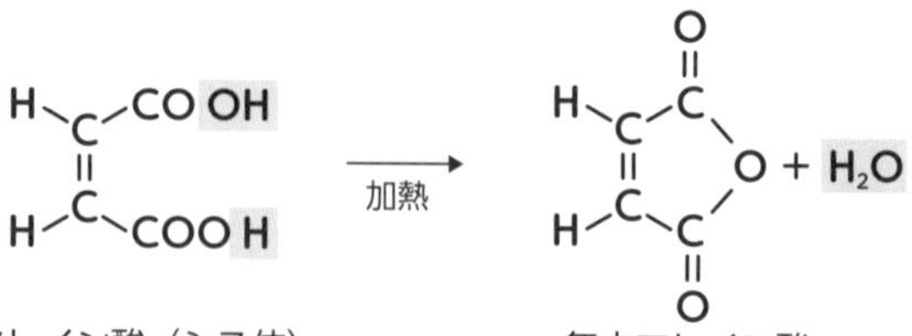

マレイン酸（シス体）　　　　無水マレイン酸

図11-19　無水マレイン酸

エステルの構造

カルボン酸とアルコールが縮合[脚注]するとエステルが得られます．この反応を**エステル化**といい，濃硫酸などが触媒となります．

エステルは図11-20のような構造をしており，炭化水素基に挟まれた－COO－の結合を**エステル結合**といいます．

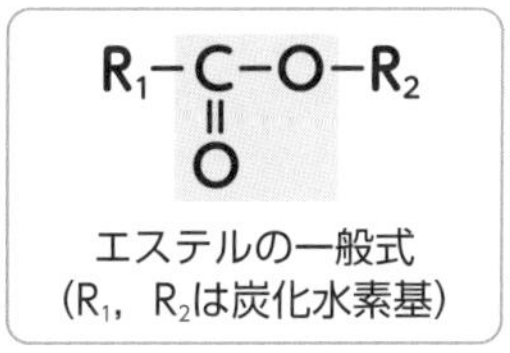

$$R_1 - \underset{\underset{O}{\|}}{C} - O - R_2$$

エステルの一般式
（R_1, R_2は炭化水素基）

図11-20　エステルの構造

たとえば，酢酸とエタノールが反応すると，酢酸エチル $CH_3COOC_2H_5$ が生成します．

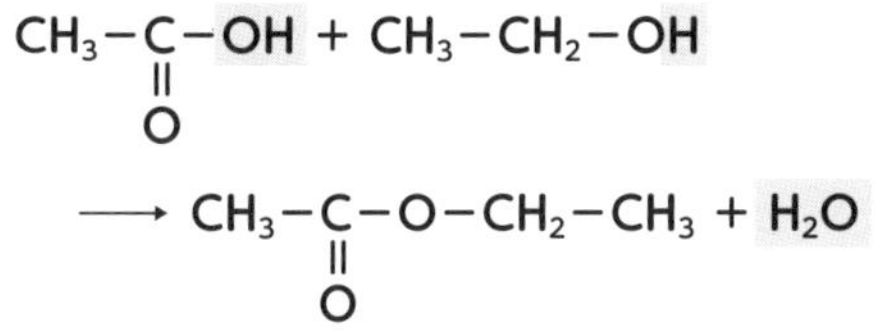

$$CH_3 - \underset{\underset{O}{\|}}{C} - OH + CH_3 - CH_2 - OH$$

$$\longrightarrow CH_3 - \underset{\underset{O}{\|}}{C} - O - CH_2 - CH_3 + H_2O$$

酢酸エチルは沸点77 ℃，パイナップル臭のする無色の液体で，マニキュアの除光液の成分として使われます．香りのよいエステルには，

ギ酸エチル $HCOOCH_2CH_3$ 　（ラズベリー）
酪酸メチル $CH_3CH_2CH_2COOCH_3$ 　（リンゴ）

などがあります．アロマテラピーとは，植物に由来する芳香を用いて，病気の予防や心身のリラクゼーションを目的とする療法です．このとき利用される精油はエステルを多く含みます．

また，エステルは希硫酸や水酸化ナトリウム水溶液中で加熱すると，元のカルボン酸とアルコールに分解されます．この反応を**加水分解**といい，とくに水酸化ナトリウムなどの塩基を使った加水分解を**けん化**といいます．

ヒドロキシ酸

ヒドロキシ基をもつカルボン酸を**ヒドロキシ酸**といいます．乳酸（$CH_3C^*H(OH)COOH$）はバターやヨーグルト，飲料などに含まれています．

乳酸分子の中央の炭素原子には4つの異なる原子団（H, CH_3, $COOH$, OH）が結合しています．このような炭素原子を**不斉炭素原子**（C^*：アステリスクで表します）といいます．

乳酸分子には互いに重ねることのできない2つの異性体があります．このような異性体を互いに**光学異性体**といい，手袋の右手用と左手用が重ならないのと似ています（図11-21）．

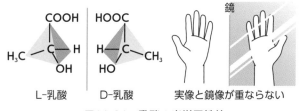

| L-乳酸 | D-乳酸 | 実像と鏡像が重ならない |

図11-21　乳酸の光学異性体

光学異性体同士は，融点や沸点，密度や化学反応性は同じですが，ある種の光に対する応答（**旋光性**）が異なります．これを**光学活性を示す**といいます．なお，光学異性体同士が1：1で混合しているときは光学活性を示しません．

縮合：有機化合物では，2つの官能基が反応して新しい結合ができる際，簡単な分子（水やアルコールなど）が生成することがあります．これらの反応を総称して縮合といい，エステルができる際の脱水も縮合反応のひとつです．

STEP UP 光学異性体と分子の対称性

生体内で利用される物質は，一方の光学異性体のみが利用されています．たとえばアミノ酸では，グリシンを除いて，すべてのアミノ酸は少なくとも１つの不斉炭素原子をもっていますが，タンパク質の合成に利用されるのは，ほとんどＬ型のみです．基本的なアミノ酸であるアラニンでは次のようになります（図１）．

昆布のうま味成分になっているアミノ酸の塩として知られるグルタミン酸ナトリウムでは，Ｌ型はうま味を感じますが，Ｄ型は味がなく，不快さを感じるだけです．体で利用できる物質のほうを快く感じるなんて，よくできていると思いませんか？

人工的に反応を起こした場合は，通常２つの光学異性体が1：1で生成しますが，特殊な試薬・触媒を用いることで，一方のみを得ることができます．この手法を不斉合成（ふせいごうせい）といいます．たとえば，塗り薬，歯磨きなどには，L-メントールという冷感剤が含まれています．このＬ型は新鮮でミントの清涼感を与えますが，その光学異性体であるＤ型は，不快な匂いがします（図２）．メントールの合成では，野依良治らによって開発された触媒を用いると，Ｌ型のみを選択的に合成することができ，工業的に利用されています．野依らは，不斉触媒の開発で2001年にノーベル化学賞を受賞しました．

はじめて不斉の考え方を提唱したのは 19 世紀フランスの生化学者であるパスツール L. Pasteur です．彼は，酒石酸（しゅせきさん）の塩を再結晶したところ，２種類の結晶のタイプがあることを発見し，これをピンセットで分けました．そして，その水溶液は互いに逆の旋光性（せんこうせい）を示すことに気がつきました．彼は殺菌法やワクチンを開発するなど，コッホ R. Koch とともに「近代細菌学の祖」とたたえられています．

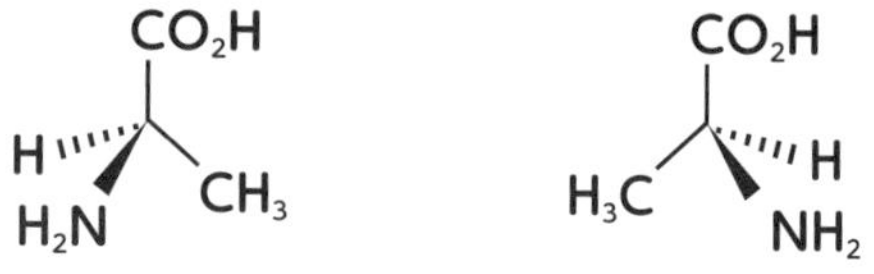

D-アラニン　　L-アラニン

図１ アラニンの光学異性体

▼は向かって手前側，┆は奥側に傾いた結合を意味しています．

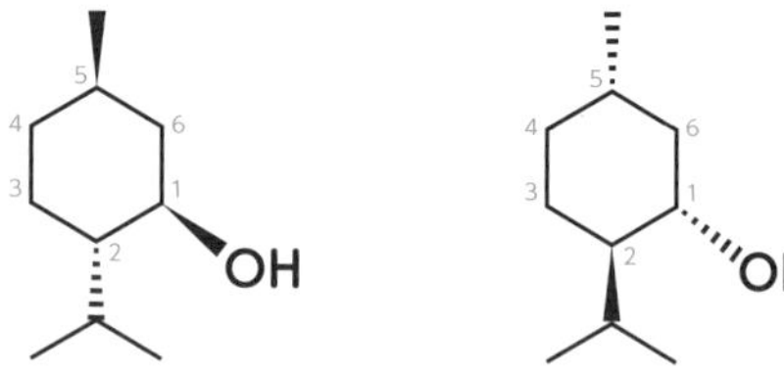

L-メントール　　D-メントール

図２ メントールの光学異性体

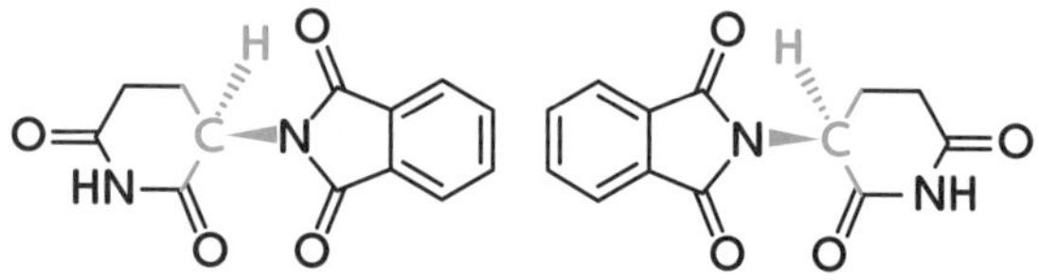

(*R*)-サリドマイド　　(*S*)-サリドマイド 催奇性あり

図３ サリドマイド

1960年代に睡眠薬として売られていたサリドマイドという薬物を妊娠初期の女性が服用すると，手足の奇形（四肢の短縮）がある子どもが生まれるということで問題になったことがありました．これは，当時は光学異性体を分離する技術がなく，混合物として服用したために起こったことでした．*R* 型のサリドマイドには催眠作用があり，薬としての効果があったのですが，*S* 型には血管新生阻害作用があり，副作用としての催奇形性（奇形を起こす働き）があったのです（図３）．それでは，*R* 型のサリドマイドだけを飲めばよいのかというとそう問題は簡単ではありません．実はサリドマイドでは，*R* 型が体のなかで *S* 型に変化する（ケト・エノール互変異性）ことが知られています．現在はこの副作用を「がん」の治療に使おうという試みが行われていて，多発性骨髄腫という「がん」では，妊娠女性を除いてサリドマイドが抗がん剤として使用できるようになっています．

現在では，光学異性体の合成・分離技術も進歩しましたので，薬物として効果のある光学異性体を選択的に合成して，それを利用できるようになっています．

立体異性体の表現には *R*／*S* 表記法がよく用いられ，不斉中心ごとに *R* か *S* のいずれかが割り当てられます．生体由来の化合物では，D／L 表記法や，*d*／*l*，(+)／(−) の表記があり，分子全体の立体構造や旋光度を元に割り当てられます．

応用編！ ワンポイント化学講座

消毒薬ーアルコールはなぜコロナウイルスに効くの？

　消毒というのは病原微生物（病気を起こす細菌やウイルスのこと）を殺菌または減少させて，感染を防ぐことです．滅菌というのは病原性，非病原性を問わずすべての微生物を死滅除去することです．熱を必要とする滅菌法，放射線や紫外線を照射する滅菌法や化学的な薬剤による滅菌法があります．エチルアルコール（エタノール）は化学的殺菌法にあたり，芽胞（休眠状態の細菌で薬物に強い抵抗性をもつ）を形成する細菌以外のほぼすべての細菌に効果があり，一部のウイルスにも効果があります．エタノールの殺菌作用は 70〜90 ％濃度の間で最も強い殺菌効果がみられ，微生物の生存に必要なタンパク質の変性・酵素阻害および脂質の溶解による効果だと考えられています．

　ウイルスは中心にウイルス遺伝子の RNA（リボ核酸）または DNA（デオキシリボ核酸）どちらか一方を持ち，それをタンパク質の殻（カプシド）が覆った構造をしています．一部のウイルス（エンベロープウイルス）には，このカプシドのさらに外側層に脂質の二重層と糖タンパク質からできている被膜（エンベロープ）をまとっているものがあります．ウイルスは細胞に結合してカプシド内の RNA または DNA が細胞内に放出されて，感染が成立します．新型コロナウイルスはエンベロープウイルスに分類され，最外層にエンベロープをまとっていて，そこに細胞に感染するとき細胞膜に結合するのに必要なタンパク質（スパイク）を埋め込んでいます．新型コロナウイルスの消毒にエタノールが使われているのは，エタノールでエンベロープを溶かしてスパイクが働けないようにしてしまうと，コロナウイルスは感染できなくなるからです．エンベロープを最外層にもつウイルスはエタノールによる消毒が効果的です．

第11章 章末問題

① 次の化合物の構造式を記しなさい.

a. エタノール　　b. 2-プロパノール　　c. ジエチルエーテル　　d. ホルムアルデヒド　　e. アセトアルデヒド
f. ギ酸　　g. 酢酸　　h. アセトン　　i. マレイン酸　　j. フマル酸　　k. 酢酸エチル　　l. ギ酸メチル　　m. 乳酸

② 炭素数4のアルコールの異性体は4種類ある.

a. それぞれについて, 構造式と名称をあげなさい.
b. それぞれと酢酸のエステルの構造式を記しなさい.

③ 脂肪族化合物の性質に関する次の記述に関して正誤を判断し, 正しければ○, 誤っていれば×を記しなさい.

① 酢酸とエタノールの混合物に触媒として硫酸を加えて加熱すると, 酢酸エチルが生じる.
② 酢酸水溶液に炭酸水素ナトリウムを加えると, 水素が発生する.
③ メタノールに金属ナトリウムを加えると水素が発生する.
④ ギ酸は分子量が最も小さいカルボン酸である.
⑤ ギ酸はアセトアルデヒドの酸化により得られる.
⑥ エタノールと濃硫酸を130〜140℃ で反応させると, 水分子がとれてジメチルエーテルが生じる.
⑦ 第二級アルコールを酸化すると, ケトンが生じる.
⑧ 第三級アルコールは, 第一級アルコールよりも容易に酸化できる.

④ 同じ分子量でも, ジエチルエーテルより1-ブタノールのほうが沸点が高い. その理由を簡潔に説明しなさい.

⑤ 次の化学反応式を記しなさい.

a. 酢酸とメタノールからエステルが得られる反応.
b. 酢酸と炭酸水素ナトリウムの反応.
c. 酢酸エチルの酸による加水分解.

⑥ 分子式 $C_{10}H_{16}O_4$ で表されるエステル X 1 mol を酸を触媒として加水分解すると, 化合物 A 1 mol と化合物 B 2 mol が生成する. A を加熱すると脱水反応が起こり, 分子式 $C_4H_2O_3$ で表される化合物 C が得られる. B を酸化するとアセトンになる. X, A〜C の構造式をそれぞれ記しなさい.

芳香族化合物

6個の炭素原子が環状につながってできた「ベンゼン」という化合物は，一般に「亀の甲」の名で知られています．この構造をもつ有機化合物を総称して芳香族化合物といいます．

本章では，主要な芳香族化合物の構造と，その合成法・用途を学びます．また，有機化学のまとめとして，高分子化合物と呼ばれる，生活に欠かせない素材について理解を深めましょう．

キーワード 芳香族化合物，共鳴，フェノール，サリチル酸，アニリン，高分子化合物，付加重合，縮合重合，有機化合物の構造決定

第 1 節 芳香族炭化水素

芳香族化合物とは

有機化学が作られていった草創期には，芳香族 aromatic といえば，樹木や植物由来の芳香のある化合物に与えられた総称でした．しかし，分析を重ねるにつれ，これらの化合物の多くでは脂肪族化合物とは異なる性質をもつものが多いことがわかってきました．

その原因の一つとして，ベンゼンのような環状構造を含むことがわかっており，ベンゼン環を含む化合物を芳香族化合物といいます．

最も簡単な芳香族化合物であるベンゼン C_6H_6 の構造式は図12-1aですが，普通は簡単に図12-1bのように省略します．亀の甲羅のような形をしていますね．

共　鳴

ベンゼンは単結合と二重結合を含みます．単結合の $C-C$ 結合の距離は1.54 Å（オングストローム），二重結合の $C=C$ 結合の距離は1.34 Å です．そのため，ベンゼンはいびつな六角形の構造をとるはずです．

しかし，実際のベンゼンは平面正六角形構造をとり，$C-C$ 結合の距離は1.40 Å です．現在では，ベンゼンの $C-C$ 結合は単結合と二重結合の中間の性質をもつといわれており，ベンゼン環の中の6個の電子は特定の2つの炭素原子の間を行き来しているのではなく，環のあらゆる場所を自由に飛び回っていることがわかっています．この現象を共鳴といいます．

共鳴により，図12-2は左右どちらの表記も同じ化合物を表しています．

図12-1　ベンゼンの構造式

図12-2　共鳴構造

ベンゼン発見の歴史

19世紀ヨーロッパの街路灯の燃料には石炭ガスが使われていました．ガス製造の際にタールと呼ばれる副生成物が生じますが，粘性が高く，当初は処理に困る厄介者でした．この中にはベンゼンやフェノール，アニリンなどの芳香族化合物が含まれていました．これらの化合物の用途が見つかると，ベンゼンの構造に多くの科学者が関心を抱きました．

1864年，ケクレ A. Kekulé はベンゼンが6員環化合物で，単結合と二重結合が交互に並んでいる構造を提案しました．ケクレは，蛇が自分の尻尾を飲み込んでいるシーンを夢に見たということです．

その他の芳香族炭化水素

ベンゼンにメチル基が結合した化合物であるトルエン $C_6H_5CH_3$ は塗料の溶剤として使われます（図12-3）．

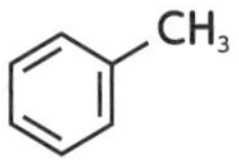

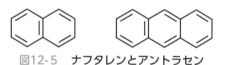

図12-3　トルエンの構造式

さらに炭素原子を1つ増やした化合物には4種類の構造異性体があります．このうち，二置換体のキシレン C_8H_{10} には，o-キシレン，m-キシレン，p-キシレンの3種類が存在します．位置を表す語はo（オルト），m（メタ），p（パラ）と読みます（図12-4）．

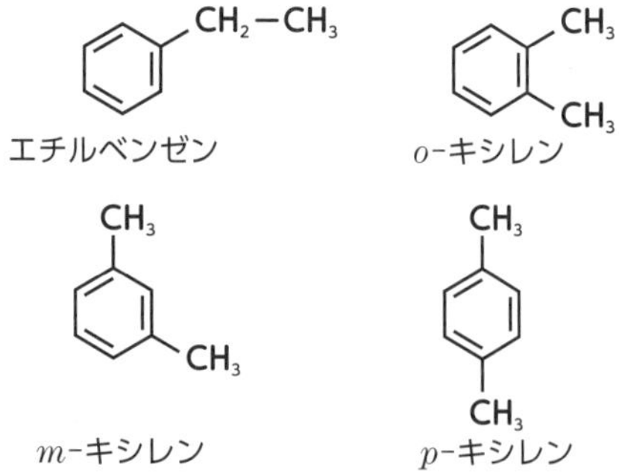

エチルベンゼン　　　　　o-キシレン

m-キシレン　　　　　p-キシレン

図12-4　キシレンの構造異性体

また，多環芳香族化合物も知られています（図12-5）．

図12-5　ナフタレンとアントラセン

ベンゼンの反応

芳香族化合物は一般に水に溶けにくく，その多くは特有のにおいをもちます．また，炭素原子の割合が多いため，空気中で燃やすと多量のススを出します．アルケンやアルキンの不飽和結合とは異なり，室温では臭素などとは付加反応をしません．

ベンゼン環に結合している水素原子は置換され，多くの化合物に変換されます（図12-6）．

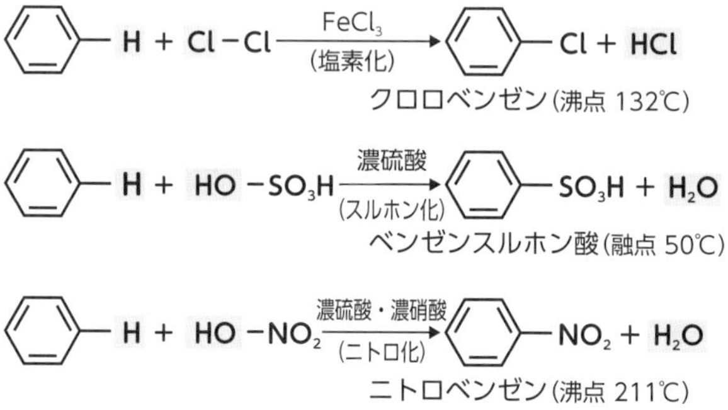

図12-6　ベンゼンの置換反応

これらの化合物は，さらなる化学反応により，生活に役立つさまざまな化合物へと導かれます．たとえば，クロロベンゼンをさらにクロロ化すると，ジクロロベンゼンとなります．このうち，p-ジクロロベンゼンは芳香がある固体で，防虫剤として使われています．また，2,4,6-トリニトロトルエン（TNT）は火薬として使われています（図12-7）．

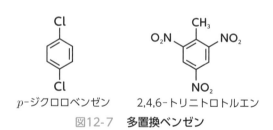

p-ジクロロベンゼン　　　2,4,6-トリニトロトルエン

図12-7　多置換ベンゼン

第2節 酸素を含む芳香族化合物

アルコールとフェノール

フェノールはベンゼン環にヒドロキシ基が直接結合しています．これを**フェノール性ヒドロキシ基**といいます．フェノールは弱いながらも酸性を示すため，塩基と中和反応します．また，無水酢酸を作用させるとエステルとなります（図12-8）．

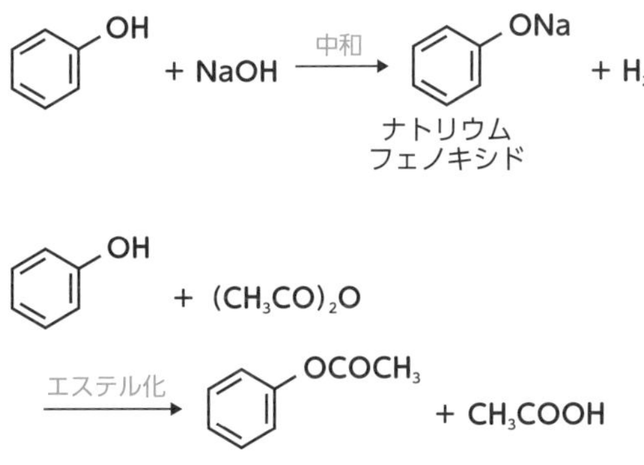

図12-8　フェノールの反応

一方，ベンジルアルコールのヒドロキシ基はベンゼン環に直結しておらず，これを**アルコール性ヒドロキシ基**といいます．中性のため塩基と中和反応しませんが，エステル化のほか，酸化剤で酸化されます（図12-9）．

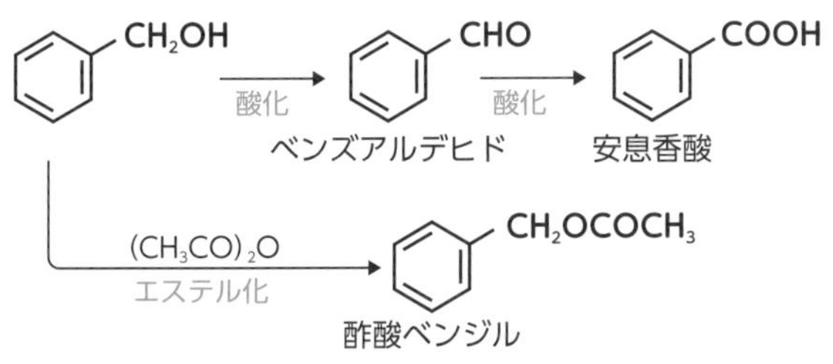

図12-9　ベンジルアルコールの反応

フェノール類とアルコールの性質の違いを表したものが表12-1です．

フェノール類は**塩化鉄（Ⅲ）水溶液**中に滴下すると**青紫色**になります．分析器具の乏しい時代はこの変化を利用してフェノールとアルコールを区別していました．

表12-1　フェノールとアルコールの違い

分類	アルコール	フェノール類
金属Naとの反応	－OHのHがNaと置き換わる反応が起こり，H_2が発生する	
カルボン酸との反応	エステル化が起こり，エステルができる	
NaOHとの反応	反応しない	中和反応が起こる
$FeCl_3$の呈色反応	呈色しない	青紫～赤紫色を呈する
酸化剤との反応	第一級アルコールはアルデヒド，第二級アルコールはケトンになる．第三級アルコールは酸化されにくい	（複雑な酸化物ができる）

分子式C₇H₈Oの芳香族化合物

では，分子式 C_7H_8O で表される芳香族化合物の構造異性体の構造式を記してみましょう（図12-10）．

クレゾールは消毒薬として不可欠です．

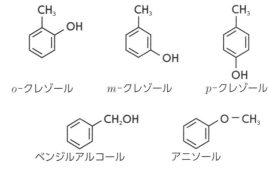

o-クレゾール　　*m*-クレゾール　　*p*-クレゾール

ベンジルアルコール　　アニソール

図12-10　分子式C₇H₈Oの芳香族化合物

フェノールの製法

歴史的にはフェノールは包帯や医療器具の殺菌に使われていました．現在，フェノールはさまざまな工業製品の原料としてよく使われています．

フェノールは**クメン法**と呼ばれる工業的製法で合成されます（図12-11）．ベンゼンとプロピレンの反応で得たクメンを空気酸化し，得られたクメンヒドロキシペル

オキシドを分解して, フェノールを得ます. この方法で
は, アセトンが副生するため, 経済的に優れています.

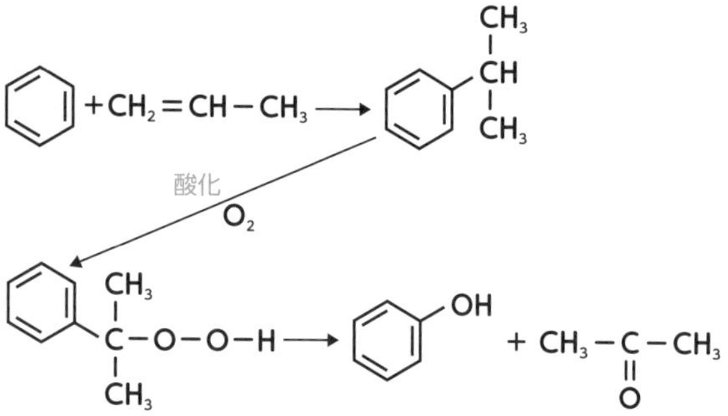

図12-11　**クメン法**

芳香族カルボン酸

トルエンを酸化剤で酸化したのち, 後処理をすると,
メチル基が酸化されてカルボキシ基になり, 安息香酸を
生じます (図12-12).

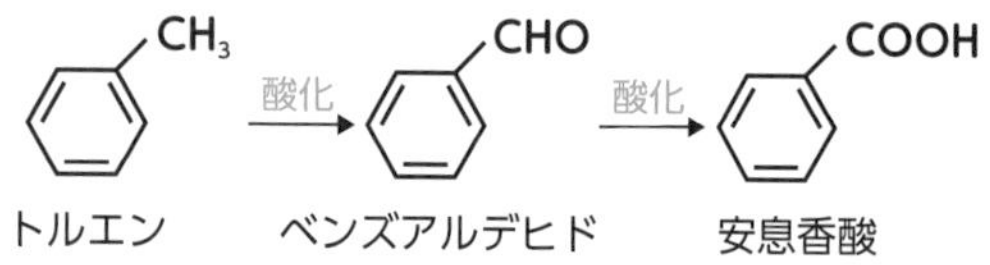

図12-12　**安息香酸**

安息香酸は, 合成樹脂などの原料として用いられま
す. 安息香酸ナトリウムは水溶性が高いため, 清涼飲料
水や食品の保存料として使われています.

また, 芳香族ジカルボン酸には図12-13の構造異性体
があります.

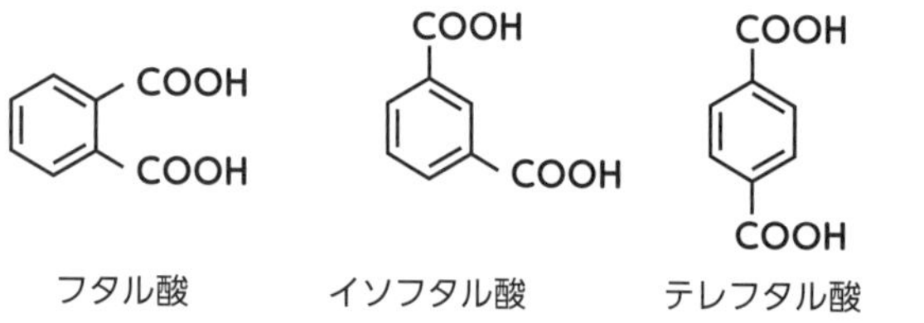

図12-13　**主要な芳香族ジカルボン酸**

フタル酸は230℃以上で融解しつつ分子内で脱水し,
無水フタル酸になります (図12-14).

フタル酸の化合物は合成樹脂の原料として, また, 染
料や医薬品の原料として利用されます.

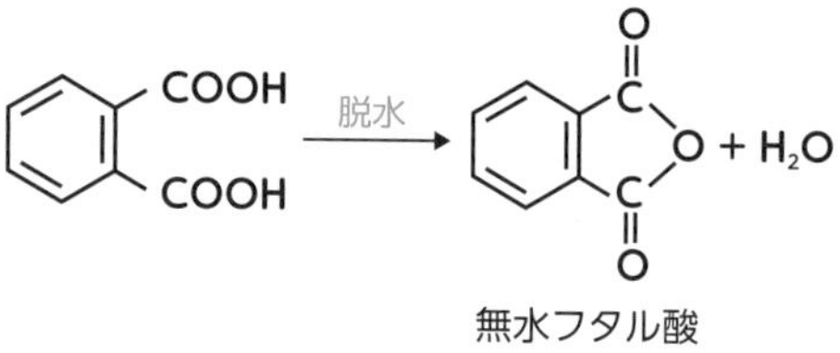

図12-14　**無水フタル酸**

サリチル酸

ナトリウムフェノキシドと二酸化炭素を125℃, 5～
6気圧で反応させた後, 強酸で処理することでサリチル
酸が得られます. サリチル酸は無色針状の結晶で, フェ
ノールとカルボン酸の両方の性質を示します (図12-15).

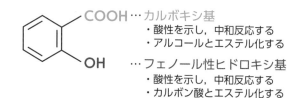

COOH…カルボキシ基
・酸性を示し, 中和反応する
・アルコールとエステル化する

OH…フェノール性ヒドロキシ基
・酸性を示し, 中和反応する
・カルボン酸とエステル化する

図12-15　**サリチル酸の2つの官能基**

たとえば, サリチル酸とメタノールを濃硫酸の存在下
で加熱すると, サリチル酸メチルが生成します(図12-
16a). サリチル酸メチルは, 芳香のある液体で, 消炎
作用があるため, 外用塗布薬として用いられます.

また, サリチル酸に無水酢酸を作用させると, ヒドロ
キシ基がアセチル化され, 酢酸とのエステルであるアセ
チルサリチル酸(アスピリン)が得られます(図12-
16b). アセチルサリチル酸は, 解熱・鎮痛薬, 抗血小板薬
として用いられます.

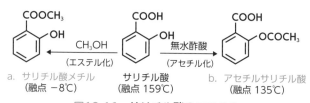

a. サリチル酸メチル
(融点 −8℃)

サリチル酸
(融点 159℃)

b. アセチルサリチル酸
(融点 135℃)

図12-16　**サリチル酸のエステル**

第3節　窒素を含む芳香族化合物

アニリン

アミノ基 −NH$_2$ をもつ化合物を**アミン**といいます．**ア
ニリン**は代表的な芳香族アミンです．実験室では，アニ
リンは**ニトロベンゼン**を，スズ（または鉄）と塩酸で還
元することで得られます（図12-17）．

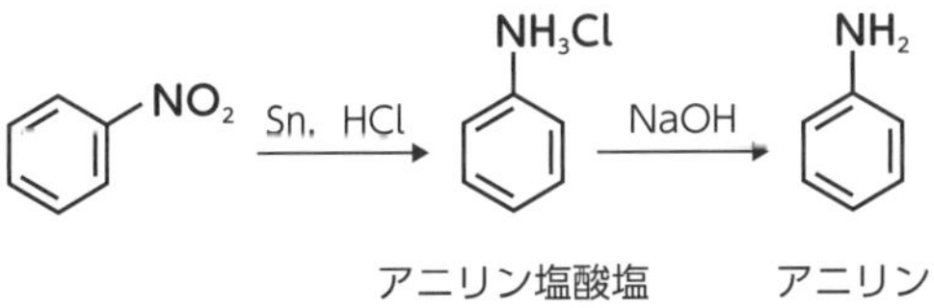

図12-17　アニリンの合成

アニリンは不快臭のある無色油状の物質で，保存中に
空気中の酸素によって徐々に酸化され，赤褐色に着色し
ます．また，**さらし粉**水溶液によって**赤紫色**を呈し，こ
れは芳香族アミンの検出反応に利用されています．

アミノ基は塩基性を示し，水にわずかしか溶けませんが，
酸の水溶液には塩をつくって溶けます．たとえばアニリン
は塩酸と反応し，アニリン塩酸塩になります（図12-18）．

図12-18　アニリンと酸の反応

アニリンに無水酢酸を作用させると**アセトアニリド**が
得られます．この操作を**アセチル化**，−NHCO− の結合
を**アミド結合**といいます（図12-19）．

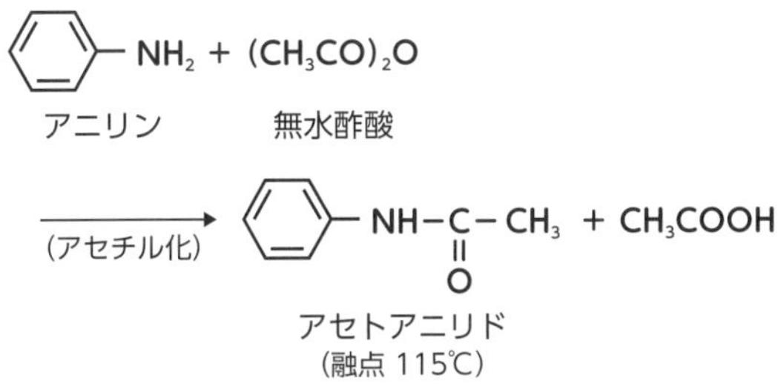

図12-19　アセトアニリドの合成

アセトアニリドは20世紀中ごろまではアンチフェブ
リンの名称で解熱鎮痛薬として利用されていましたが，
副作用で肝臓や腎臓に負担をかけるため，今日では他の
医薬品にとってかわられています．アミド結合をもつ類
似の化合物にアセトアミノフェンがあります（図12-20）．

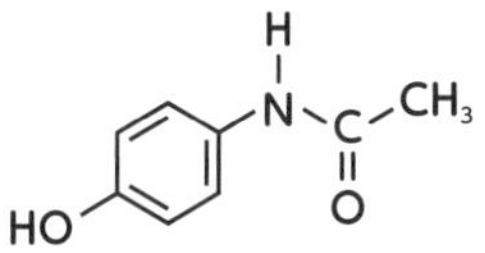

図12-20　アセトアミノフェンの構造式

アゾ化合物

アゾ基 −N＝N− をもつ化合物を総称して**アゾ化合物**
といいます．アゾ化合物は色素や染料としてよく利用さ
れ，かつては青焼（ジアゾコピー）という複写方法が存
在しました．

アニリンから得られる**アゾ染料**の一例をあげます．ま
ず，アニリンの希塩酸溶液を冷やしながら，亜硝酸ナト
リウム水溶液を加えると，塩化ベンゼンジアゾニウムの
水溶液が得られます．この反応を**ジアゾ化**といいます
（図12-21）．

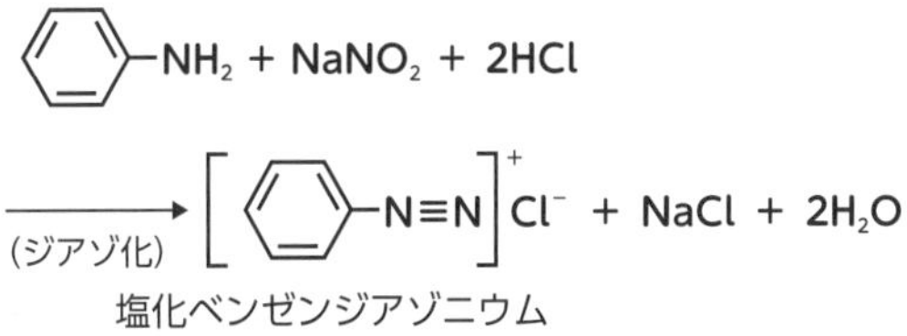

図12-21　ジアゾ化

塩化ベンゼンジアゾニウムの水溶液をナトリウムフェ
ノキシドの水溶液に加えると，橙赤色の化合物が生じま
す．この反応を**ジアゾカップリング**といいます（図12-
22）．芳香族アゾ化合物は，一般に黄～赤色で，染料，
塗料として利用されます．

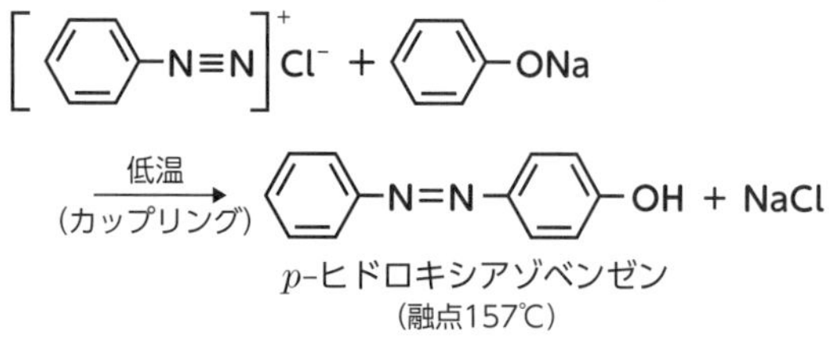

図12-22　ジアゾカップリング

第4節 合成高分子化合物

高分子化合物とは

分子量がおよそ1万以上の物質を**高分子化合物**といいます．天然に存在するタンパク質やデンプンなどを**天然高分子化合物**，ナイロンやポリエチレンなどを**合成高分子化合物**といいます．

このような化合物は，ある決まった単位がいくつも連なった構造をしています．その原料を**単量体（モノマー）**，得られた高分子化合物を**重合体（ポリマー）**といいます．プラスチックとは，容器や部品に成形された場合の高分子化合物の総称です．

付加重合

付加重合とは，二重結合を開きながら次々と付加していくタイプの重合形式を指します．たとえば，ポリエチレンの場合，原料となるエチレンがモノマー，ポリエチレンがポリマーです．繰り返し単位が何個連なるかを**重合度**といい，一般にnで表します．

ポリエチレンやポリプロピレンは身のまわりのさまざまなものに使われています．**ポリ塩化ビニル**は塩ビパイプとして建築資材に，**ポリスチレン**は発泡スチロールに加工されます（表12-2）．

また，ポリメタクリル酸メチルは強度があり，照明器具のカバーや水族館の大型水槽に利用されています．ポリアクリロニトリルはアクリル繊維として衣料に使われます．ゴムは付加重合で得られる高分子化合物です．

縮合重合

縮合重合とは，エステル結合やアミド結合を介しながら高分子鎖が成長するタイプの重合形式を指し，水などの低分子が切り離されます．

ナイロン66は，ヘキサメチレンジアミンとアジピン酸を原料にし，1935年にデュポン社のカロザースによって合成されました（図12-23）．

表12-2　付加重合で得られるおもな高分子化合物

樹脂名	略号	単量体	構造式
ポリエチレン	PE	エチレン $H_2C=CH_2$	$\left[\begin{matrix}H&H\\-C-C-\\H&H\end{matrix}\right]_n$
ポリプロピレン	PP	プロピレン $H_2C=CH$ $\ \ \ \ CH_3$	$\left[\begin{matrix}H&H\\-C-C-\\H&CH_3\end{matrix}\right]_n$
ポリ塩化ビニル	PVC	塩化ビニル $H_2C=CH$ $\ \ \ \ Cl$	$\left[\begin{matrix}H&H\\-C-C-\\H&Cl\end{matrix}\right]_n$
ポリスチレン	PS	スチレン $H_2C=CH$	$\left[\begin{matrix}H&H\\-C-C-\\H&\end{matrix}\right]_n$
メタクリル樹脂（アクリル樹脂）	PMMA	メタクリル酸メチル $H_2C=C-CH_3$ $\ \ \ \ COOCH_3$	$\left[\begin{matrix}H&CH_3\\-C-C-\\H&COOCH_3\end{matrix}\right]_n$
ポリアクリロニトリル	PAN	アクリロニトリル $CH_2=CH$ $\ \ \ \ CN$	$\left[\begin{matrix}H&H\\-C-C-\\H&CN\end{matrix}\right]_n$

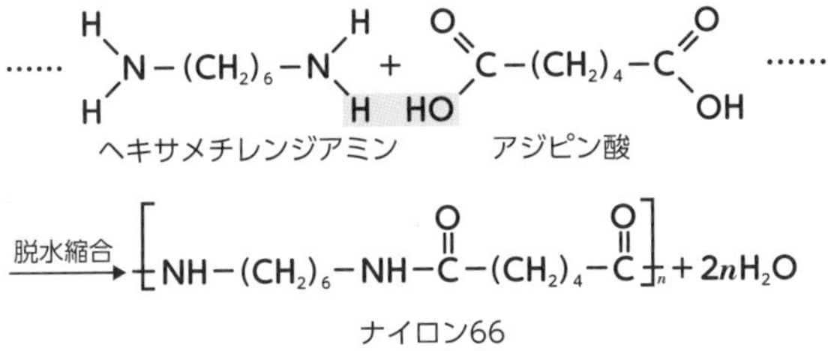

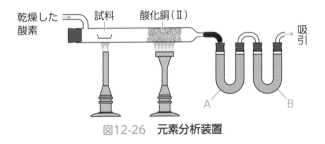

ヘキサメチレンジアミン　アジピン酸

$$\xrightarrow{\text{脱水縮合}} \left[\text{NH}-(\text{CH}_2)_6-\text{NH}-\overset{\overset{\displaystyle O}{\|}}{\text{C}}-(\text{CH}_2)_4-\overset{\overset{\displaystyle O}{\|}}{\text{C}} \right]_n + 2n\text{H}_2\text{O}$$

ナイロン66

図12-23　ナイロン66の合成

エチレングリコール　テレフタル酸

$$\xrightarrow{\text{縮合重合}} \left[\text{O}-(\text{CH}_2)_2-\text{O}-\overset{\overset{\displaystyle O}{\|}}{\text{C}}-\!\!\!-\overset{\overset{\displaystyle O}{\|}}{\text{C}} \right]_n + 2n\text{H}_2\text{O}$$

ポリエチレンテレフタレート（PET）

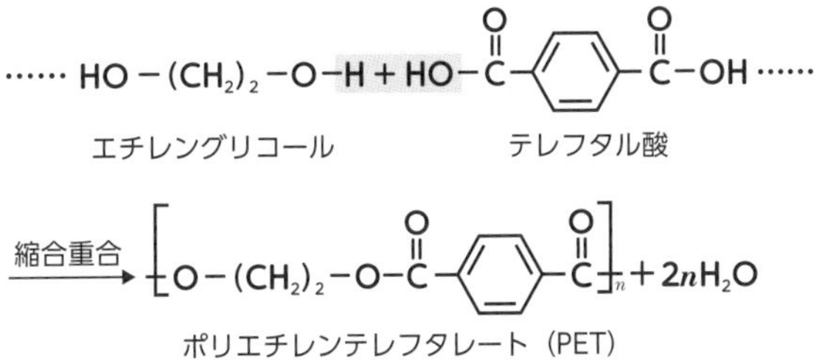

図12-24　ポリエチレンテレフタレートの合成

また，**ポリエチレンテレフタレート**（PET）は，エチレングリコールとテレフタル酸を原料とし，衣料や**ペットボトル**に利用されています（図12-24）

また，近年，ポリ乳酸（図12-25）と呼ばれる生分解性高分子が注目されています．

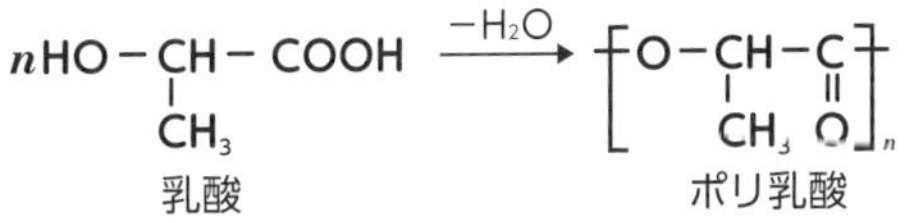

$$n\text{HO}-\overset{\overset{\displaystyle}{\underset{\underset{\displaystyle \text{CH}_3}{|}}{\text{CH}}}}{}-\text{COOH} \xrightarrow{-\text{H}_2\text{O}} \left[\text{O}-\overset{\underset{\underset{\displaystyle \text{CH}_3}{|}}{}}{\text{CH}}-\overset{\overset{\displaystyle O}{\|}}{\text{C}} \right]_n$$

乳酸　　　　　　　　　　　ポリ乳酸

図12-25　ポリ乳酸の構造式

第5節　有機化合物の構造決定

構造式はどう決まるのか？

　有機化合物の構造式を決定する場合，**元素分析**という手法があります．元素分析とは，試料を図12-26のような装置で燃焼させ，発生する二酸化炭素と水の質量から組成を推定する手法のことで，炭素，酸素，水素を含む有機化合物で用いられます．

　この装置では乾燥した酸素（空気）を送り込んで試料を燃焼させます．発生した水は吸収管Aに入った**塩化カルシウム**に捕捉され，水和物として固定されます．また，二酸化炭素は吸収管Bに入った**ソーダ石灰**（固体のNaOHとCaO）に炭酸塩として固定されます．反応前後の質量変化から水，二酸化炭素の質量がわかります．酸化銅（Ⅱ）CuOは，不完全燃焼した成分を完全に燃焼させる役割があります．

　たとえば，この装置を利用して，炭素，水素および酸素からなる有機化合物X 4.7 mgを完全に燃焼させた後，吸収管Aと吸収管Bの質量を測定したところ，それぞれ2.7 mg，13.2 mgの質量増加があったとします．この実験結果から炭素・水素・酸素の質量比を求めると，

図12-26　元素分析装置

C：$13.2 \times \dfrac{12}{44} = 3.6 \text{ mg}$

H：$2.7 \times \dfrac{2.0}{18} = 0.30 \text{ mg}$

O：$4.7 - (3.6 + 0.30) = 0.80 \text{ mg}$

参考　CO_2：44　C：12
　　　H_2O：18　H_2：2.0

これより原子数比を求めると

$$\text{C}:\text{H}:\text{O} = \frac{3.6}{12} : \frac{0.30}{1.0} : \frac{0.80}{16} = 6:6:1$$

となり，化合物Xの分子式は$(\text{C}_6\text{H}_6\text{O})_n$（$n=1,\ 2,\ \cdots$）と表されます．この段階で判明した$\text{C}_6\text{H}_6\text{O}$を**組成式**といい，分子式の決定では，分子量などの情報や，中和反

応の際の量的関係，検出反応など，どのような官能基を
もっているかの結果を加味して決定します．

　たとえば，分子量が100未満で，塩化鉄（Ⅲ）水溶液に
加えると紫色になったとすると，化合物 X はフェノー
ル C_6H_5-OH と確定します．

現在の分析方法

　複雑な構造を有する有機化合物は，試料の量が少ない
場合も多いため，微量でも構造が解析できる手法が開発
されています．

　たとえば，核磁気共鳴分光法（NMR）では，試料中
の各原子の磁気的環境の違いを検出する方法です．図
12-27は，エタノール（a）とジメチルエーテル（b）
の ^{1}H-NMR で，同じ分子式でもスペクトルが異なって
いるのがわかります．

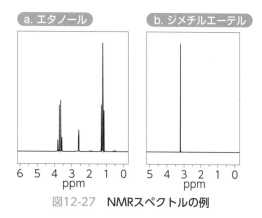

図12-27　NMRスペクトルの例

　また，質量分析法という手法では，試料をイオン化し
た後，そのフラグメントイオンの挙動が，その質量 m
に依存することを利用して分離し，分子量や部分構造を

推定できます．質量分析法の応用研究で，田中耕一氏ら
が2003年度ノーベル化学賞を受賞しました．

その他の芳香族化合物

　芳香族化合物は，身近な食品や医薬品に関わっていま
す（図12-28）．

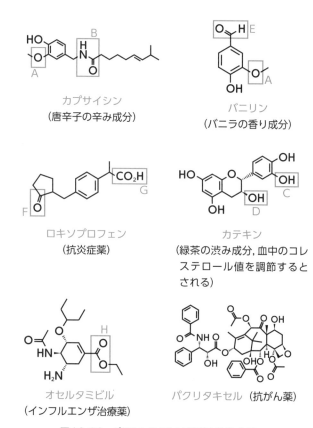

カプサイシン
（唐辛子の辛み成分）

バニリン
（バニラの香り成分）

ロキソプロフェン
（抗炎症薬）

カテキン
（緑茶の渋み成分，血中のコレ
ステロール値を調節すると
される）

オセルタミビル
（インフルエンザ治療薬）

パクリタキセル（抗がん薬）

図12-28　実用されている芳香族化合物
A〜Hの囲みは章末問題 ② の問いになっています．

アスピリン

〳応用編！〵
ワンポイント化学講座

　ヤナギの樹皮に痛みを和らげる効果があることは紀元前から知られていました．歴史書によれば，医学の父と呼ばれる古代ギリシャの医師ヒポクラテスはヤナギの樹皮や葉を痛み止め（鎮痛薬）や解熱薬として処方していたとのこと．

　19世紀前半にフランスとイタリアの科学者達がヤナギの樹皮から解熱成分を分離してサリシンと命名しました．サリシンを分解すると1分子のグルコースと1分子のサリチルアルコールを生じ，これを酸化するとサリチル酸になります．サリチル酸の名は，ヤナギの学名 Salix alba にちなんでいます（図1）．

　サリチル酸は胃腸障害を副作用として引き起こす可能性が強かったため，1897年ドイツ・バイエル社のホフマン Hoffmann らの研究チームにより，副作用を抑えたアセチルサリチル酸が合成され，アスピリンという名称が与えられました．アスピリンは世界で初めて人工合成された医薬品です．

　それから約70年間，アスピリンはもっぱら解熱・鎮痛薬として使用されましたが，1967年にアスピリンに血液を固まりにくくする作用（これを抗血小板作用…広い意味での抗血栓作用といいます）があることがわかり，以後，アスピリンは次第に抗血小板薬としての地位を確立していったのです．日本では現在，1日に約100万人以上が抗血小板薬としてのアスピリンを服用していると推定されています．写真は市販のアスピリン製剤バファリンです（図2）．

　現在では，サリチル酸の官能基を修飾することで，胃の強い酸性条件でも加水分解されにくい，固体の解熱・鎮痛薬も多く開発されています．エテンザミドは，市販の医薬品に多く含まれている成分です（図3）．

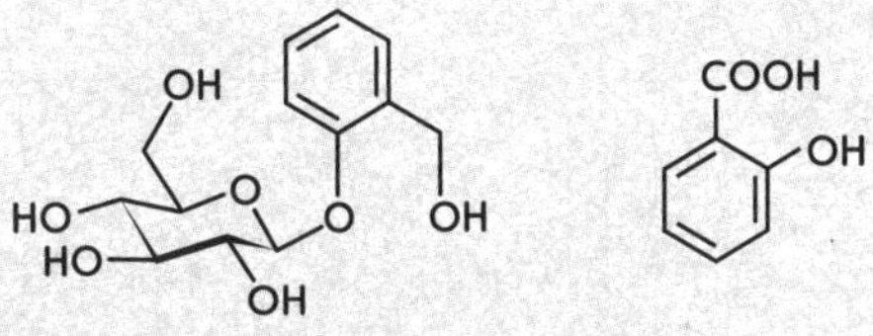

図1　サリシンとサリチル酸の構造式

図2　解熱・鎮痛薬のパッケージとアセチルサリチル酸の構造式

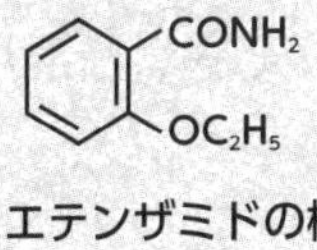

図3　エテンザミドの構造式

（写真はLION株式会社　提供）

第12章 章末問題

① 次の化合物の構造式を記しなさい.

a. トルエン   b. o-キシレン   c. クロロベンゼン   d. フェノール   e. p-クレゾール
f. 安息香酸   g. フタル酸   h. サリチル酸   i. アセチルサリチル酸   j. サリチル酸メチル
k. アニリン   l. アセトアニリド

② p.114の図12-28 **「実用されている芳香族化合物」** について，下記の問いに答えなさい。

a. 枠で囲んだ A〜H の官能基もしくは結合の名称を答えなさい.
b. オセルタミビルおよびパクリタキセルにはどのような官能基もしくは結合が含まれているか，構造式のなかに示しなさい．酸素，窒素原子を含む箇所をすべて帰属すること.

③ 芳香族化合物の性質に関する次の記述に関して正誤を判断し，正しければ○，誤っていれば×を記しなさい.

① ベンゼンの構造が，6個の炭素原子が交互に二重結合をはさんで環状につながっていると初めて提唱した化学者はケクレである.
② 分子式 C_8H_{10} の芳香族化合物には二つの異性体しか存在しない.
③ フェノールとサリチル酸はともに水酸化ナトリウム水溶液に溶ける.
④ ベンゼンを空気中で燃やすと多量のススを出す.
⑤ ベンゼンに濃硫酸を作用させると，ニトロベンゼンが得られる.
⑥ アニリンとフェノールはともに塩酸に溶ける.

④ サリチル酸 100 g からサリチル酸メチルはどれだけ得られるか，その質量を整数で求めなさい．なお，反応は完全に進行するものとする.

⑤ 次の高分子化合物の構造式を本文中の形式で記しなさい.

a. ポリエチレン   b. ポリスチレン   c. ポリアクリロニトリル   d. ナイロン66   e. ポリエチレンテレフタレート

⑥ 芳香族化合物 X はパラ二置換体で，分子量 200 未満である．X を酸化したところ，カルボン酸 B が得られた．カルボン酸 B の 1.00 g を中和するのに，1.00 mol/L の水酸化ナトリウム水溶液が 12.0 mL 必要であった．化合物 X の構造式を記しなさい.

アミノ酸, 糖類, 核酸, 油脂

私たちの体を構成する物質には, タンパク質, 糖類, 脂質, 核酸などが存在します. タンパク質や脂質は細胞や皮膚を構成する成分として, 糖類はエネルギー源として利用しており, 私たちは食事によって日々これらの物質を補っています. また, 核酸は情報を記憶して遺伝情報を担っており, 生命の設計図とも呼ばれます.

これらの化合物は低分子量の化合物から高分子化合物まで多岐にわたります. 本章では, その構造や性質を化学的な側面から学びましょう.

キーワード アミノ酸, タンパク質, ペプチド結合, 単糖類, 多糖類, 核酸, DNA, 油脂, セッケン, リン脂質

第1節 アミノ酸

アミノ酸とは

アミノ酸は, 分子中にアミノ基 $-NH_2$ とカルボキシル基 $-COOH$ をもつ化合物です (図13-1). 2つの官能基が1つの炭素原子に結合している化合物を**α-アミノ酸**といい, **天然には約20種類**存在します.

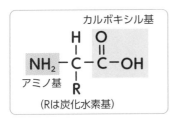

図13-1 **アミノ酸の構造式**

構造式のうち, Rの部分を側鎖といい, アミノ酸ごとに異なります. RがHの化合物は, アミノ酸のなかで最も簡単な構造をもつ**グリシン**です. RがCH_3の化合物は**アラニン**です. そのほかのアミノ酸の側鎖Rと名称は後述の図13-4にまとめています. なお, アミノ酸を記号で略すときは, 図中の3文字あるいはアルファベット1文字で略します.

不斉炭素原子

グリシンを除くα-アミノ酸には, **不斉炭素原子**があります. 不斉炭素原子に結合する4つの原子団は異なるため, 構造式の上では同じでも, 立体的には, 実像と虚像のように, 重ね合わせることのできない分子が存在します (第11章も参照してください). これらを互いに**光学異性体**といいます (図13-2).

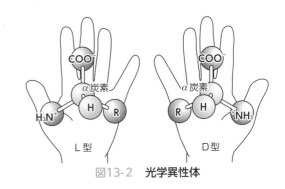

図13-2 **光学異性体**

天然に存在するアミノ酸はほぼすべて**L型**です.

アミノ酸の性質

アミノ酸は，アミノ基 $-NH_2$ のほかにカルボキシ基 $-COOH$ をもつので，酸と塩基の両方の性質を示します．溶液が酸性，塩基性のときは図13-3のように電荷が変化し，分子全体として陽イオンまたは陰イオンとなるとみなせます．

結晶中や中性の水溶液中では双性イオンとして存在します．そのため，アミノ酸は水には溶けやすいといえます．一般の有機化合物に比べて融点や沸点が高く，空気中での加熱では熱分解します．

図13-4のうち，複数のカルボキシ基をもつアミノ酸を酸性アミノ酸，複数のアミノ基をもつアミノ酸を塩基性アミノ酸といいます．

アミノ酸にアルコールや無水酢酸を作用させると，エステル化またはアミド化されます．グルタミン酸の側鎖のカルボキシル基が生体内で酵素の働きによってアミドとなったものがグルタミンで，異なるアミノ酸として認識されます（図13-5）．

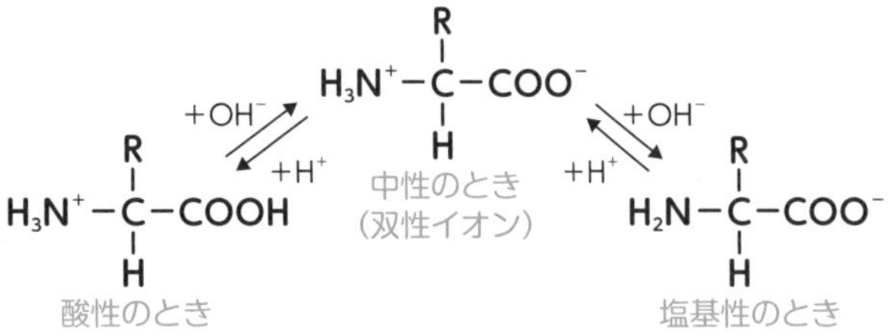

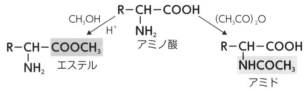

図13-5　アミノ酸の反応

図13-3　アミノ酸の電荷の様子

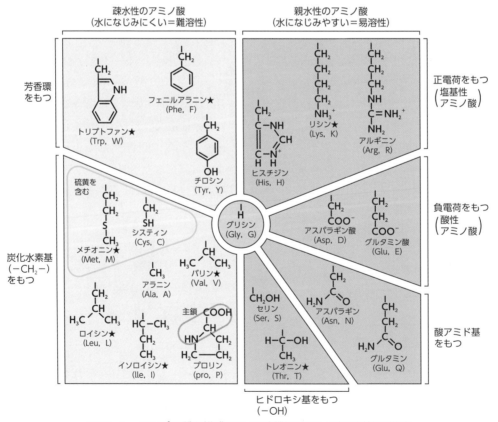

図13-4　タンパク質を構成する20種類のアミノ酸の側鎖の構造

カッコ内は三文字略号と，一文字略号.
★印はヒトの必須アミノ酸を示しています．小児期ではそれらに加えてアルギニンとヒスチジンも必須アミノ酸です．

第2節　タンパク質

タンパク質とは

タンパク質は，普通の高分子化合物のように同じモノマーがくり返すのではなく，種々の α-アミノ酸が縮合重合してできます．

アミノ酸同士は -NHCO- という結合を介してつながっており，この結合を**ペプチド結合**といいます．また，タンパク質は多数のペプチド結合をもつので，**ポリペプチド**とも呼ばれ，分子量が数万以上のものも珍しくありません（図13-6）．

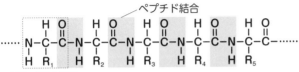

図13-6　**ポリペプチドの構造**

タンパク質は細胞の乾燥重量の3分の2を占め，体を構成する成分だけでなく，体内の化学反応の触媒として働く酵素や生理活性物質としても重要です．人体を構成するタンパク質は約10万種類にものぼり，これらは**構造タンパク質**と**機能タンパク質**に大別されます．

大まかに分類して，生物体の構造を構築するタンパク質が構造タンパク質，酵素や物質の輸送などさまざまな化学反応にかかわるタンパク質が機能タンパク質と考えればいいでしょう．

タンパク質の一次構造

タンパク質を構成するアミノ酸の配列順序を，そのタンパク質の**一次構造**といいます．通常，アミノ基（N末端）から，カルボキシ基（C末端）側に向けて表記します．アミノ酸の配列はタンパク質の性質を決めており，アミノ酸配列が逆になると，性質も変わります．一般

に，酵素や生理活性物質などの一次構造は遺伝子によって決められています．

たとえば，グリシンとアラニンが結合したペプチドには，グリシン-アラニンの順に結合したものと，アラニン-グリシンの順に結合した2種類が存在し，異なる化合物です（図13-7）．

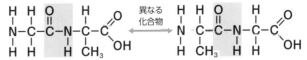

図13-7　**グリシンとアラニンからなるジペプチド**

タンパク質の二次構造

タンパク質のポリペプチド鎖のうち，N-H 結合の水素原子と C=O 結合の酸素原子が接近し，水素結合ができます．それにより構造が安定化し，らせん形構造やシート形構造をとるものがあります．このような構造をタンパク質の**二次構造**といいます（図13-8）．

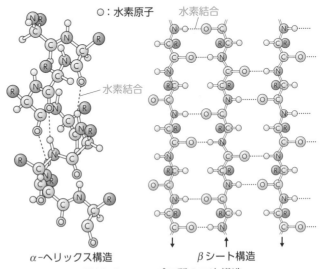

α-ヘリックス構造　　βシート構造

図13-8　**タンパク質の二次構造**

タンパク質の三次構造

　タンパク質の分子量は数万以上のものが多く，比較的遠くのアミノ酸残基（ペプチド結合しているアミノ酸を指す）との間の相互作用によってさらに折りたたまれます．図13-9にあるようなさまざまな相互作用によって，タンパク質が安定し，機能を有するようになるのです．
　図13-10は，タンパク質の三次構造を表しています．

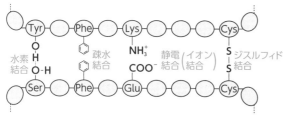

図13-9　**タンパク質内部の相互作用**

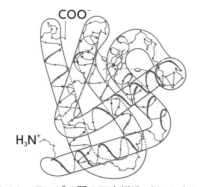

図13-10　**タンパク質の三次構造（ミオグロビン）**

タンパク質の四次構造

　ポリペプチドには，いくつか集まって会合して初めて機能するものがあります．これを四次構造といい，一つひとつのポリペプチドをサブユニットといいます．赤血球に含まれるヘモグロビンは，酸素の運搬を担っており，折りたたまれた2種類のポリペプチドが2個ずつ集合した構造をとります（図13-11）．

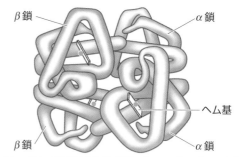

図13-11　**タンパク質の四次構造（ヘモグロビンの例）**

　典型的なタンパク質としては，アルブミン（卵白，血液（血漿），牛乳など），ケラチン（毛髪，爪，羽毛など），コラーゲン（骨や皮膚など）があげられます．コラーゲンは健康食品に多く含まれますが，消化されてアミノ酸や低分子量のペプチドとして吸収されるため，摂取したコラーゲンそのものが吸収されるわけではありません．

タンパク質の変性

　タンパク質は，水素結合やそのほかの静電的な要因で立体構造を保っているので，酸，塩基，重金属イオン，アルコールを作用させると，水溶性のタンパク質なら，白濁や沈殿がみられます．これを変性といいます．変性はタンパク質の二次構造が破壊されたために起きるので，元のタンパク質の生理活性を失います．生卵や生肉を加熱するとそのタンパク質は変性（熱変性）したことになります．
　生体内でタンパク質が傷ついて変性すると，タンパク質分解酵素によって分解されやすくなるため，不要なタンパク質を除去する面で合理的です．
　また，タンパク質の水溶液に多量の塩を加えると，水に溶けていられなくなり沈殿します．これを塩析といい，湯葉や豆腐といった食品はこの現象を利用しています．

タンパク質の検出

　タンパク質に含まれる各種成分を検出するさまざまな反応があります．実験を行う際は，観察しやすい卵白の水溶液を用います．

窒素の検出

タンパク質の水溶液を加熱して発生した蒸気はアンモニアを含むため，赤色リトマス紙を青色にします．

硫黄の検出

酢酸鉛(Ⅱ)水溶液を加えて加熱すると，硫化鉛(Ⅱ)PbS の黒色沈殿を生じます．

キサントプロテイン反応

濃硝酸を加えて加熱すると黄色になり，その溶液を冷やしたのち塩基を加えると橙色になります．これは，チロシンやフェニルアラニンなど，ベンゼン環をもつアミノ酸がニトロ化されて起きます．

ビウレット反応

塩基性下，銅(Ⅱ)イオンの水溶液を加えると，赤紫色から青紫色に変化します．

第 3 節　糖　類

糖類とは

糖類とは，グルコース（ブドウ糖）やデンプンなどの総称です．生命活動のエネルギー源として糖類を考える際は炭水化物といい，米やパンなどの主食にデンプンとして含まれます．植物の体を構成する細胞壁はセルロースでできており，紙の原料にも使われますが，これも糖類に分類されます．

糖類のうち，これ以上，加水分解されないものを単糖類，2 個の単糖類が縮合したものを二糖類，多数の単糖類が縮合してできた高分子化合物を多糖類といいます．

単糖類

グルコースはデンプンの加水分解で得られ，生体内ではエネルギー源として重要です．

グルコースは 6 員環構造をとっており，1 番の炭素原子に結合したヒドロキシ基 −OH の向きによって 2 つの立体異性体が存在します．1 位のヒドロキシ基が下にあるものを α−グルコース，上にあるものを β−グルコースといいます．25 ℃では α 型が 37 %，β 型が 63 %存在しているほか，環が開いた鎖状構造のものも微量存在し，それを介して α 型と β 型は相互に変化しています．

グルコースの鎖状構造にはアルデヒド基が存在するので，フェーリング反応や銀鏡反応を示します（図13-12）．

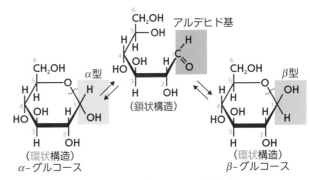

図13-12　グルコースの構造式

グルコースはアルコール発酵によってエタノールとなり，酒類の製造に利用されます．

$$C_6H_{12}O_6 \longrightarrow 2C_2H_5OH + 2CO_2$$

そのほかの単糖類にはフルクトース（果糖）があります．フルクトースはグルコースの異性体で，果物に存在します．天然に存在する糖のなかでは最も甘いため，食品に添加されることが多いです．グルコースやフルクトースはヘキソース（六炭糖）といいます（図13-13）．

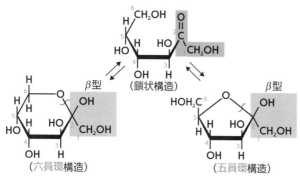

図13-13　フルクトースの構造式

二糖類

　スクロース（ショ糖）はサトウキビやサトウダイコンから抽出され，一般に砂糖といえばスクロースを指します．スクロースはグルコースとフルクトースが脱水縮合したものです．糖と糖の間を結ぶ−O−の結合をグリコシド結合といいます（図13-14）．

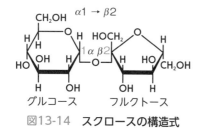

図13-14　スクロースの構造式

　また，マルトース（麦芽糖）はデンプンをアミラーゼという酵素で分解して得られる二糖で，グルコース2分子が脱水縮合した形をとっています．食品としては水あめの主成分です．マルトースは酵素により加水分解されてグルコースになります（図13-15）．

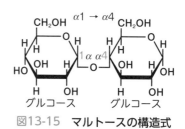

図13-15　マルトースの構造式

多糖類―デンプン

　多糖類は，分子量が数十万以上ときわめて大きいため，常温では水に溶けにくい性質があります．デンプン（$C_6H_{10}O_5)_n$ は植物体内で光合成によって作られ，米，小麦，ジャガイモ，トウモロコシなどに多く含まれます．

　デンプンは数百〜数千の α−グルコースが縮合してできた多糖類で，構造によってアミロース（直鎖状）とアミロペクチン（枝分かれが多い）に分けられ，デンプンのなかには両者が共存しています（図13-16a，b）．

　グリコーゲンは貯蔵多糖と呼ばれます．肝臓と骨格筋

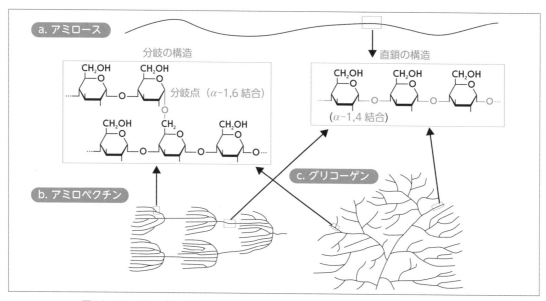

図13-16　デンプン（アミロース，アミロペクチン）とグリコーゲンの構造

で主に合成され，余剰のグルコースを一時的に貯蔵しておくためのもので，枝分かれの多い構造をしています（図13-16c）.

ヒトがデンプンを食べると，まず口の中で唾液中の消化酵素アミラーゼにより，マルトース（麦芽糖）などに分解します. ごはんを噛み続けると甘味が感じられるようになるのはこのためです. アミラーゼの作用は食べ物が胃に送られた後もしばらく続きますが，強酸性の胃液によってアミラーゼは次第に失活します.

マルトースはさらに膵液と腸液に含まれる酵素マルターゼにより最終的にグルコースに分解され，小腸で吸収されます.

デンプンのような，エネルギーをたくわえるための多糖類を貯蔵多糖といいます. いっぽう，後述するセルロースは，生体構造の維持に関係し，構造多糖と呼ばれます.

多糖類 —セルロース

セルロースでは，β-グルコースを1つの単位としてつながっており，β-グルコースの六員環部分が，結合方向に交互に反転した形で縮合重合し，直線状に伸びています（図13-17）.

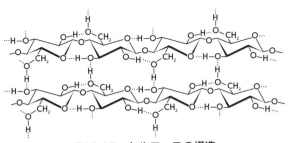

図13-17　セルロースの構造

セルロースは天然の植物質の1/3を占め，地球上で最も多く存在する炭水化物です. 綿はほぼ純粋なセルロースです. 紙の原料である植物繊維もセルロースが主成分です. 綿やパルプから採取したセルロースを化学的に処理してレーヨンやアセテートなどの繊維が作られ，衣料用に利用されます.

ヒトはセルロースを分解できませんが，シロアリなどはセルロースを分解できる酵素をもった微生物が消化器官内で共生しています. ヤギも共生微生物が胃腸内に生息しています. しかし，現在の紙は処理の過程で加えられた化学成分が多いため消化することは難しく，食べさせないほうがいいでしょう.

セルロース以外の構造多糖にはキチン質があります. キチン質はカニやエビといった甲殻類の殻に含まれ，セルロースの2番のヒドロキシ基が−NHCOCH$_3$になったもので，N−アセチルグルコサミンとよばれています. 関節にある軟骨物質を補うと考えられているため，栄養補助食品や医薬品として利用されています.

ところで，化学実験や医療用に用いられる紙としては，薬包紙が代表的でしょう. 薬包紙に使われるグラシン紙は，高圧のローラーでパルプを押し出したものであり，繊維の隙間が失われるため透明度が高いです. グラシン紙はクッキングペーパーや書籍の保護カバーなどにも用いられます.

また，紙にパラフィン（炭素数20以上のアルカン）を染み込ませて作ったものをパラフィン紙といいます. 紙の繊維の隙間にパラフィンが染み込むと，光の散乱がおきにくくなり，グラシン紙より透明になります. 撥水性があることから，身近なところでは，ドーナツやキャラメルの包装紙などに使われています.

応用編！

ワンポイント化学講座

胃はなぜ胃酸で溶けないの？

　胃液には胃酸という酸（本体は塩酸）が含まれています．胃酸のおかげで，胃の内部はpH1～2の強酸性の環境を作り出しています．このように強い酸性の環境では生存できる微生物も限られているので，胃液は食物についている一部の細菌やウイルスを殺滅する働きをもっています．また，強い酸性によってタンパク質を凝固変性させるとともに，胃で分泌されるタンパク分解酵素（ペプシン）を活性化する働きももっています．ところで，塩酸のなかでは金属でも激しく水素を放出しながら溶けて行くものがあります（たとえば金属マグネシウムなど）．胃の組織は金属に比べて柔らかいのに胃酸が触れているのに溶けませんね．なぜでしょうか？

　それは，胃の組織の内側の壁（胃壁）の表層にある細胞からムチンと Na^+ および HCO_3^- を主体とする粘液が分泌され，胃壁の表面に薄いアルカリ性の粘液の層を作って，胃酸の攻撃から胃壁を守っているからなのです．この薄い粘液のバリアが無くなると途端に胃壁は胃液の攻撃を受けるようになり，胃炎や胃潰瘍を起こすようになると考えられています．ちなみに，ムチンは中心に分子量30～50万の木の幹のような細長いタンパク質があり，そこに150本の糖鎖（単糖が鎖のように結合したもの）が結合している樹木のような形をしたものが1つの単位となり，それが数十個集まって巨大分子を形作っています（図）．

糖鎖

タンパク質

図　分泌型ムチン（イメージ）

第4節 核酸

核酸とは

核酸とは，細胞核に由来する酸性物質という意味で名づけられました．核酸には，デオキシリボ核酸（DNA）とリボ核酸（RNA）があります．DNAは遺伝子の化学的本体をなす分子で，RNAは遺伝子の情報に基づいてタンパク質を作る過程で働く分子です．

両者とも，ヌクレオチドと呼ばれる「塩基－糖－リン酸」の単位が多数重合しており，きわめて分子量が大きい天然高分子化合物です（図13-18）．生体内におけるエネルギー通貨とも呼ばれるアデノシン三リン酸（ATP）などはヌクレオチドの一種です．

図13-18　ヌクレオチドの基本構造

DNAを構築するヌクレオチドの糖はデオキシリボースであり，RNAではリボースとなります．いずれも5個の炭素をもつペントース（五炭糖）です（図13-19）．

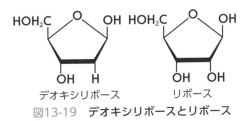

デオキシリボース　　リボース

図13-19　デオキシリボースとリボース

核酸を構成する塩基

核酸を構成する塩基には，アデニン（A），グアニン（G），シトシン（C），ウラシル（U），チミン（T）の5種類で，いずれも窒素を含む複素環化合物です．これら

がどのように核酸のなかに並んでいるかで，遺伝情報が決まっています．

複素環の構造により，アデニンとグアニンはプリン塩基，シトシン，ウラシル，チミンはピリミジン塩基に分類されます（図13-20）．

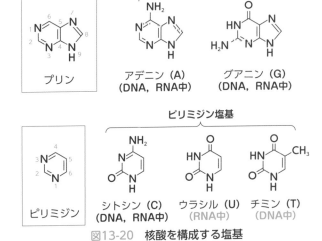

図13-20　核酸を構成する塩基

DNAの構造

DNAは特徴的な二重らせん構造をとっています．この構造は，アデニンとチミン，グアニンとシトシンが向かい合って水素結合することで安定しています．この塩基同士がペアになったものを塩基対といい，ヒトの体細胞1個のなかにある，46本の染色体中のDNAには，約60億個の塩基対があります（図13-21）．

RNAはDNAの塩基配列をもとに合成され，塩基3個がアミノ酸1個と対応しており（塩基3個の組み合わせをコドンといいます），タンパク質の合成に使われます（表13-1）．遺伝情報をもとにタンパク質を合成する過程を翻訳といいます．

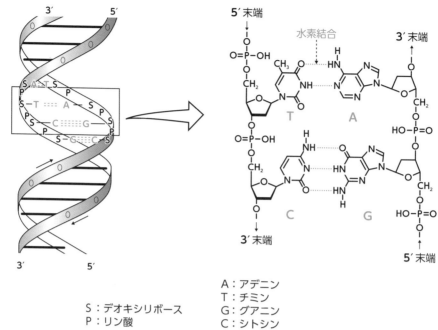

S：デオキシリボース
P：リン酸

A：アデニン
T：チミン
G：グアニン
C：シトシン

図13-21　DNAの構造

表13-1　アミノ酸の種類を決める遺伝暗号（コドン表）

		コドンの2番目の塩基					
		U	C	A	G		
コドンの1番目の塩基	U	UUU UUC } フェニルアラニン (Phe) UUA UUG } ロイシン (Leu)	UCU UCC UCA UCG } セリン (Ser)	UAU UAC } チロシン (Tyr) UAA UAG } 終止	UGU UGC } システイン (Cys) UGA 終止 UGG トリプトファン (Trp)	U C A G	コドンの3番目の塩基
	C	CUU CUC CUA CUG } ロイシン (Leu)	CCU CCC CCA CCG } プロリン (Pro)	CAU CAC } ヒスチジン (His) CAA CAG } グルタミン (Gln)	CGU CGC CGA CGG } アルギニン (Arg)	U C A G	
	A	AUU AUC AUA } イソロイシン (Ile) AUG* メチオニン (Met)	ACU ACC ACA ACG } トレオニン (Thr)	AAU AAC } アスパラギン(Asn) AAA AAG } リシン (Lys)	AGU AGC } セリン (Ser) AGA AGG } アルギニン (Arg)	U C A G	
	G	GUU GUC GUA GUG } バリン (Val)	GCU GCC GCA GCG } アラニン (Ala)	GAU GAC } アスパラギン酸 (Asp) GAA GAG } グルタミン酸 (Glu)	GGU GGC GGA GGG } グリシン (Gly)	U C A G	

＊AUGは合成の開始コドン．UAA，UAG，UGAは合成の終止コドン．

第 5 節 油脂とセッケン

油脂と高級脂肪酸

グリセリン $C_3H_5(OH)_3$ に高級脂肪酸がエステル結合した化合物を油脂といい，植物や動物の体内に存在しています（図13-22）.

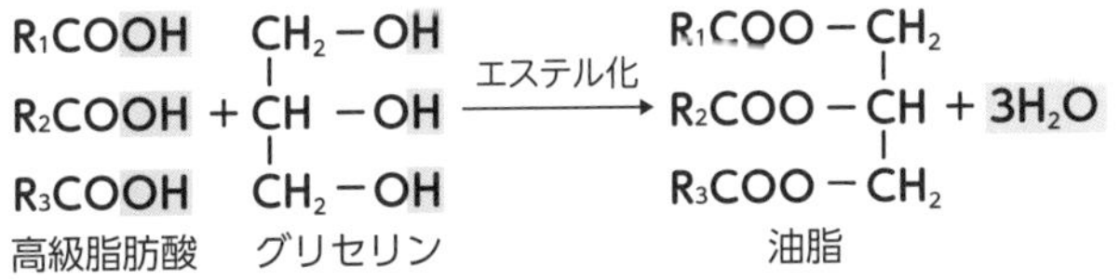

図13-22 **油脂の構造**

高級脂肪酸とは，炭素原子の数の多いカルボン酸のことで，自然界には炭素数が 16 と 18 のものが多いです．図13-23はステアリン酸とオレイン酸の構造式です．

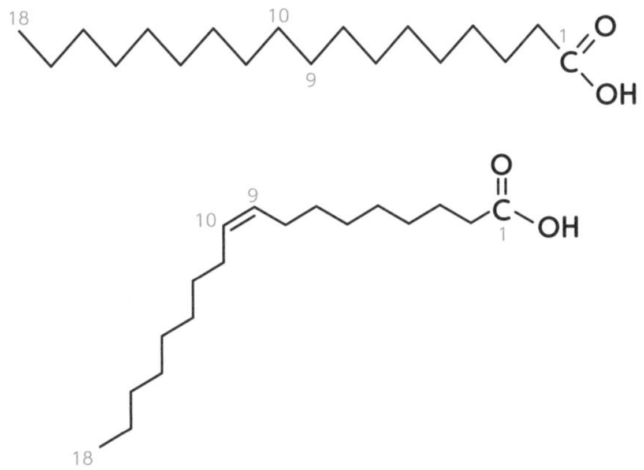

図13-23 **ステアリン酸とオレイン酸**

脂肪酸には，ステアリン酸のような飽和脂肪酸のほか，オレイン酸のように，C＝C二重結合をもつ不飽和脂肪酸があります（表13-2）.

表13-2 **高級脂肪酸の種類と示性式**

飽和脂肪酸	示性式
パルミチン酸	$C_{15}H_{31}COOH$
ステアリン酸	$C_{17}H_{35}COOH$
不飽和脂肪酸	示性式
オレイン酸	$C_{17}H_{33}COOH$
リノール酸	$C_{17}H_{31}COOH$
リノレン酸	$C_{17}H_{29}COOH$

油脂の分類

飽和脂肪酸を主とする油脂を脂肪といい，室温では固体です．ウシやブタの脂肪，バター，マーガリンはその代表です．

不飽和脂肪酸を多く含む油脂は，室温で液体のものが多いため脂肪油と呼ばれ，サラダ油，ごま油，オリーブオイル，大豆油などがあります．

不飽和脂肪酸を含むと，二重結合の部分で炭素鎖が折れ曲がっているので，分子間に隙間ができやすく，室温で液体になりやすいと考えられています．

前述のマーガリンは，不飽和脂肪酸を含む油脂のC＝C二重結合に，触媒下で水素を付加して得られるもので，二重結合を失うため固体に変わります．

これらの油脂は，小腸のリパーゼという酵素の働きで脂肪酸とグリセリンに分解されたのち吸収されます．

セッケン

油脂に水酸化ナトリウム水溶液を加えて加熱すると，油脂はけん化（塩基による加水分解）され，グリセリンと脂肪酸ナトリウム（セッケン）になります（図13-24）.

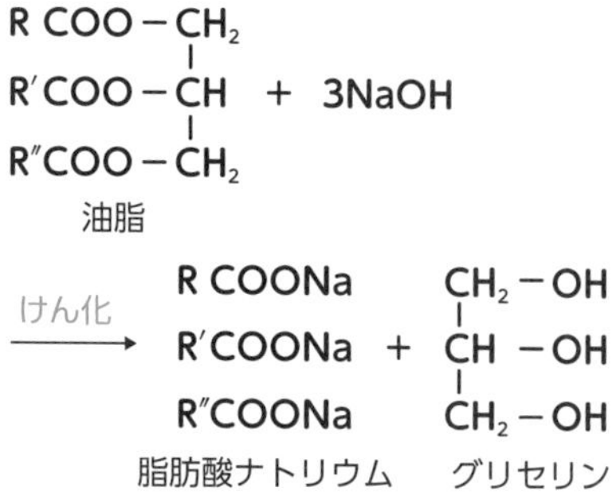

$$R\ COO-CH_2$$
$$R'COO-CH\quad +\ 3NaOH$$
$$R''COO-CH_2$$

油脂

けん化
$$\longrightarrow$$

$$R\ COONa\qquad CH_2-OH$$
$$R'COONa\quad +\quad CH-OH$$
$$R''COONa\qquad CH_2-OH$$

脂肪酸ナトリウム　　グリセリン

図13-24　油脂の加水分解

セッケンは高級脂肪酸のナトリウム塩で, 水と混ざりやすい性質（親水性）のカルボン酸のイオンの部分と, 水と混ざりにくい性質（疎水性）の炭化水素基の部分からできています. セッケンを水に溶かすと, 脂肪酸のイオンは, 疎水性の部分を内側に, 親水性の部分を外側にして, 水中に細かく分散します. これをミセルといいます（図13-25）.

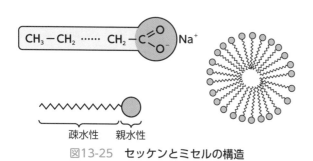

疎水性　　親水性

図13-25　セッケンとミセルの構造

油滴にセッケン水を加えると, 油脂はセッケンの疎水性部分に囲まれ, 細かい粒子になって水のなかへ分散します. この作用を乳化作用といい, セッケンをつけて洗うことにより油汚れが落ちる原理となっています. 現在では, 泡立ちやすく, 皮膚に与える刺激の少ない合成洗剤が多く開発されています（図13-26）.

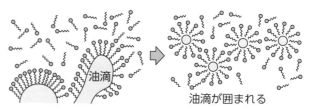

油滴が囲まれる

図13-26　油汚れが落ちる仕組み

Ca^{2+} や Mg^{2+} を含む水にセッケンを溶かすと, 水に溶けにくい高級脂肪酸カルシウムや高級脂肪酸マグネシウムが沈殿するので, セッケンが泡立ちにくくなります.

アメリカ中部やヨーロッパの河川を流れている水は日本の河川水に比べて非常に多くの Ca^{2+} や Mg^{2+} を含む「硬水」です. そのため, 硬水中でセッケンが泡立ち, 洗浄効果を発揮するには, 日本の河川水のような「軟水」と比べて多くのセッケンを必要とします. 硬水から Ca^{2+} や Mg^{2+} を除去する操作を軟化といい, 浄水場で化学的な処理により, 水に溶けにくい塩として沈殿させています.

STEP UP リン脂質

　リン酸をもつ脂質を**リン脂質**といい，グリセリンの3つのヒドロキシ基のうち2つに高級脂肪酸がエステル化し，残りの1つにリン酸がエステル結合したものです（図1）．

　リン脂質はマッチ棒によく例えられ，頭に相当するリン酸エステル部分が親水性の部分で，軸の部分が脂肪酸でできた疎水性の部分です．

　この分子構造により，セッケンのミセルのような二重の膜を自然につくることができます．これを**リン脂質二重層**といい，細胞膜や細胞内小器官の膜などの生体膜に見られる構造です．ここにタンパク質などが組み込まれ，膜の内外の物質の出入りやシグナルの伝達を行っています（図2）．

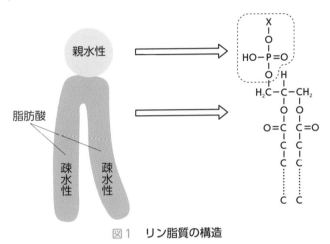

図1　リン脂質の構造

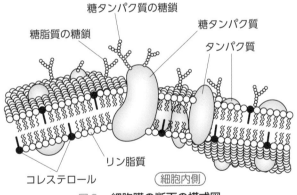

図2　細胞膜の断面の模式図

第13章 章末問題

① 次の文章の空欄に適当な語句を入れなさい．

　タンパク質は，アミノ酸どうしが一般に（　ア　）結合と呼ばれるアミド結合で結合してできた高分子化合物である．タンパク質に多く見られるらせん構造は，分子内に（　イ　）結合を作ることにより安定に保たれている．

　タンパク質の多くは生体において大変重要な意味をもち，とくに生体内の化学反応の（　ウ　）としての機能をもつタンパク質を（　エ　）という．（　エ　）は最適のpH値と温度をもち，特定の反応にのみ関与する性質，すなわち（　オ　）をもつ．たとえば，（　カ　）はデンプンを加水分解するが，同じ多糖類のセルロースには作用しない．また，胃で分泌される（　キ　）はタンパク質を加水分解してアミノ酸にする．

　タンパク質の検出には，水酸化ナトリウム水溶液と硫酸銅(II)水溶液を加えると（　ク　）色になる（　ケ　）反応や，濃硝酸を加えると黄〜橙色になる（　コ　）反応が用いられる．

　また，タンパク質は熱や酸・塩基などにより（　サ　）して構造が変わったり，機能を失うことがある．卵白水溶液に固体の水酸化ナトリウムを加えて加熱すると（　シ　）を発生する．

　糖類は，単糖類と多糖類に分けられる．グルコースは α-グルコースと β-グルコースに区別され，多糖類になったときの機能が異なる．セルロースは多数の β-グルコースが直鎖状に結合した天然高分子で，紙や繊維として用いられる．デンプンは多数の α-グルコースからなる天然高分子で，直鎖状の（　ス　）と枝分かれのある（　セ　）に分類される．グルコースの水溶液はフェーリング反応を示し，赤色の沈殿（化学式　ソ　）を与える．多糖類で，グルコース骨格同士をつないでいる－O－の結合を（　タ　）結合という．

　油脂を水酸化ナトリウムでけん化すると，セッケンと（　チ　）が得られる．油脂をセッケン水に入れて振ると微細な小滴になって水中に分散する．この小滴は（　ツ　）と呼ばれる粒子である．

② 天然有機化合物に関する次の記述の正誤を判断し，正しければ○，誤っていれば×を記しなさい．

① 構成脂肪酸として不飽和脂肪酸を多く含む常温で液体の油脂は，触媒を用いて水素を付加させると，融点が高くなって常温で固体になる．

② セッケンを水に溶かすと，その水溶液は弱酸性を示す．

③ カルシウムイオンやマグネシウムイオンを含む硬水中では，セッケンの洗浄効果は低い．

④ グルコース水溶液では鎖状構造が大部分を占めるので還元性を示す．

⑤ アミロースを完全に加水分解して得られた水溶液と，同じ条件でセルロースを完全に加水分解して得られた水溶液は区別がつかない．

⑥ 生命を維持するため体内で合成するアミノ酸を，必須アミノ酸という．

③ 次の化合物の構造式を示しなさい．

a. グリシン　　　b. アラニン　　　c. α-グルコース
d. ステアリン酸3分子からなる油脂（炭化水素基部分は $C_{17}H_{35}-$ と略してよい）

④ 次の文章を読み，問いに答えなさい．

　「まるわかり！ 基礎化学」のテキストの質量は約405 gである．いま，405 gの純粋なセルロースを考えたとき，これを完全に加水分解してグルコースにすると，グルコースは何g得られるか．整数で求めなさい．

第14章

無機化合物と工業的製法

　化学は実際の物質の構造や性質を扱う学問であり，その目標の一つに，生活の役に立つ物質を合成したり，新たに作り出したりすることにあります．

　化学の学習の締めくくりとして，主要な無機化合物の性質を学びましょう．化学は単純な暗記物ではなく，周期表のなかでの位置と化合物の構造に関係があるのがわかると思います．

　また，有益な化合物を工業的に合成するためにはどのような工夫がなされているのでしょうか．

キーワード　炭酸塩，アンモニアソーダ法，ハーバー・ボッシュ法（アンモニア），オストワルト法（硝酸），硫酸，ハロゲン，酸化物

第1節　炭素とその化合物

炭素の単体

　単体の炭素には，ダイヤモンド，黒鉛といった同素体があります．黒鉛は光沢のある黒色の結晶で，電気伝導性があり，電極や鉛筆の芯などに使われています．ダイヤモンドは無色透明で，きわめて硬い結晶です．装飾品のほか，研磨・切削用には工業用ダイヤモンドが使われます．近年，C_{60} などの分子式をもったフラーレンと呼ばれる球状の分子が発見され，その性質が研究されています（図14-1）．

図14-1　フラーレンの構造

　結晶状の炭素のほか，結晶状の外観を示さない無定形炭素があり，木炭や活性炭は燃料のほか，脱臭剤や吸着剤に用いられています．

炭酸塩

　炭酸水素ナトリウム $NaHCO_3$ は白色の固体で，水溶液は弱い塩基性を示します．炭酸水素ナトリウムは加熱により分解して二酸化炭素を発生し，炭酸塩になります．この反応はホットケーキなどがふくらむ際に利用されています．

$$2NaHCO_3 \longrightarrow Na_2CO_3 + H_2O + CO_2$$

　炭酸ナトリウム Na_2CO_3 も白色の固体で，水によく溶け，水溶液は塩基性を示します．炭酸ナトリウムはガラスの製造などに利用されています．

　炭酸塩や炭酸水素塩に酸の水溶液を加えると，二酸化炭素を発生します．

$$NaHCO_3 + HCl \longrightarrow NaCl + H_2O + CO_2$$
$$Na_2CO_3 + 2HCl \longrightarrow 2NaCl + H_2O + CO_2$$

発泡入浴剤は，炭酸水素ナトリウムと固体のカルボン酸であるフマル酸を固めて作ったもので，水に入れると反応が進んで二酸化炭素を発生します．

胃腸薬に含まれる有効成分は，胃酸を中和し，出過ぎをおさえる制酸薬，胃を丈夫にするための健胃薬，そして食べ過ぎ飲み過ぎからくる症状を緩和する消化薬の3つに大きく分かれます．制酸薬は炭酸水素ナトリウムを用いることが多いため，げっぷが出ることがあります．

石灰岩

石灰岩は炭酸カルシウム $CaCO_3$ を主とする鉱物の総称です．石灰岩は海洋微生物，サンゴや貝類の殻が堆積してできたものが主です．建材や彫刻の素材として適したものを大理石といい，工業的な原料を指すときは石灰石といいます．

石灰石は，セメントの原料のほか，鉄鋼業には不可欠です．石灰石から得られる生石灰 CaO や消石灰 $Ca(OH)_2$ は，火力発電所の硫黄酸化物の除去，酸性化した河川の中和に使われます．

山口県にある秋吉台などのカルスト地形は比較的水に溶解しやすい石灰岩から大地が形成されている場合に見られます．地下の鍾乳洞では，雨水や地表水などが地表の割れ目から流れ込むことにより，長い年月の間に石灰岩が侵食され，複雑な地形が形成されます．

アンモニアソーダ法

炭酸ナトリウムは，次のように製造されます（図14-2）．

第1工程

石灰石 $CaCO_3$ を加熱すると二酸化炭素が発生し，生石灰 CaO が副生します．

$$CaCO_3 \longrightarrow CO_2 + CaO$$

第2工程

飽和食塩水にアンモニアを十分吸収させてから二酸化炭素を吹き込むと，比較的水に溶けにくい炭酸水素ナトリウムが沈殿として析出します．

$$NaCl + NH_3 + H_2O + CO_2$$
$$\longrightarrow NaHCO_3 + NH_4Cl$$

第3工程

炭酸水素ナトリウムを約 200 ℃ で焼くことによって炭酸ナトリウムが得られます．

$$2NaHCO_3 \longrightarrow Na_2CO_3 + H_2O + CO_2$$

ここで発生した二酸化炭素は再利用されます．

この一連の方法はアンモニアソーダ法あるいはソルベー法といいます．ソルベー E. Solvay はベルギーの化学者で，1860 年代にソルベー法の工場を立ち上げました．彼はその利益をもとに研究機関を設立し，ソルベー会議と呼ばれる国際会議は数年に一度開催されており，科学の諸問題が議論されています．

なお，本来ソーダとは，ナトリウム塩の総称で，炭酸ナトリウム（炭酸ソーダ）を指していたようです．ここから変じて，炭酸水（高圧で二酸化炭素を溶かした水）をソーダ水と呼ぶようになりました．ソーダ水自体は糖分や香料を含んでいません．水道網が整備されていない海外では，旅行者はソーダ水を飲むことがあります．また，身近なところでは，「梅酒のソーダ割り」のように，清涼感を出すために利用されます．

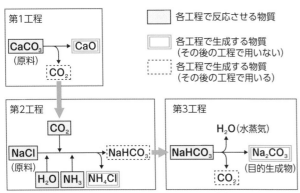

図14-2　アンモニアソーダ法

第 2 節　窒素とその化合物

窒素の単体

単体の窒素 N_2 は無色無臭の気体で，空気中に体積比で 78 % 含まれています．高温ではいろいろな化合物をつくり，たとえば，水素と化合しアンモニアになるほか，アンモニアから硝酸が導かれます．

窒素はリン，カリウムとならんで，肥料の三要素の 1 つであり，タンパク質，核酸などの成分として植物の生長に欠かせません．なお，これらの成分を植物が吸収するときはアンモニウム塩や硝酸塩，リン酸塩，カリウム塩といった無機物として吸収します．

アンモニア

アンモニアは，無色で刺激臭をもち，空気より軽い気体です．工業的には窒素と水素を体積比 1：3 で混合し，四酸化三鉄を主成分とする触媒を用いて高温，高圧下で合成されます．この方法をハーバー・ボッシュ法といいます．

$$N_2 + 3H_2 \rightleftharpoons 2NH_3$$

ハーバー F. Haber はドイツの化学者で，彼らの発明したアンモニア合成法で，第一次大戦期のドイツは輸入に頼らず肥料と火薬を生産できるようになりました．ハーバーは塩素などの毒ガスを実戦で使う研究を指揮したため非難を浴びましたが，1918 年にアンモニア合成法の研究でノーベル化学賞を受賞したほか，多くの化学者を育てました．

空気中の窒素をほかの窒素化合物に変換することを窒素の固定といいます．その最も一般的な方法はハーバー・ボッシュ法によるものです．人工肥料の生産は非常に大きな量に達しており，窒素肥料では硫酸アンモニウム，塩化アンモニウム，尿素 NH_2CONH_2 などが一般的です（図14-3）．

図14-3　窒素肥料の活用

硝　酸

硝酸の工業的製法では，まず白金を触媒として 800 ～ 900 ℃でアンモニアを空気中の酸素と反応させ，一酸化窒素を得ます．

$$4NH_3 + 5O_2 \longrightarrow 4NO + 6H_2O$$

一酸化窒素をさらに空気中の酸素と反応させると二酸化窒素が生成します．

$$2NO + O_2 \longrightarrow 2NO_2$$

これを水に吸収させると，硝酸が生成します．

$$3NO_2 + H_2O \longrightarrow 2HNO_3 + NO$$

この反応で生成した一酸化窒素は再び酸化され，最終的にすべて硝酸になります．この方法をオストワルト法といいます（図14-4）．

オストワルト W. Ostwald はドイツの化学者で，現在でいう化学平衡の研究を進め，電解質の電離度，触媒と反応速度などの研究を行いました．彼は物理化学の体系化に尽力した業績で1909年にノーベル化学賞を受賞しました．

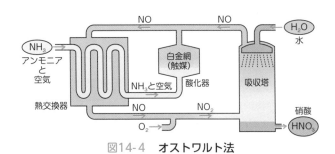

図14-4 オストワルト法

第3節 硫黄とその化合物

硫黄の単体

硫黄は古くから知られている元素の一つで，単体としても化合物としても天然に存在しています．単体の硫黄としては，斜方硫黄，単斜硫黄が天然に産出し，分子式 S_8 で表されるほか，ゴム状硫黄と呼ばれる同素体も知られています（図14-5）.

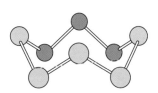

図14-5 硫黄 S_8 の分子構造

硫黄の化合物

硫化水素は腐卵臭を放つ有毒な気体ですが，実験室では硫化鉄（II）に希硫酸を加えて発生させることができます.

$$FeS + H_2SO_4 \longrightarrow FeSO_4 + H_2S$$

火山の噴火口付近では吹き出た硫化水素が酸素と反応して硫黄を析出します．また，硫化水素と二酸化硫黄の反応でも硫黄が析出します.

$$2H_2S + O_2 \longrightarrow 2S + 2H_2O$$
$$2H_2S + SO_2 \longrightarrow 3S + 2H_2O$$

日本には火山が多く，火口付近に露出する硫黄を露天掘りにより採掘することが古くから行われていました．現在では，硫黄は石油の脱硫過程で得られたものを工業的に使用しています．硫黄は火薬やマッチの原料となるほか，硫酸の原料として不可欠です.

また，草津温泉のように，硫化水素のにおいがしたり，白濁した硫黄の微粒子が含まれる温泉を硫黄泉といいます．多くの金属イオンは硫化水素と反応して硫化物になるため，銀の指輪をうっかりはめたまま温泉に入ると，指輪は輝きを失って黒ずんでしまいます.

硫酸の製造

硫黄の燃焼によって二酸化硫黄が生成します.

$$S + O_2 \longrightarrow SO_2$$

酸化バナジウム（V）を触媒として $400 \sim 600\,℃$ で二酸化硫黄を酸化すると三酸化硫黄が得られます.

$$2SO_2 + O_2 \longrightarrow 2SO_3$$

生じた三酸化硫黄を水と反応させて硫酸とします.

$$SO_3 + H_2O \longrightarrow H_2SO_4$$

正確には，三酸化硫黄を濃硫酸に吸収させて発煙硫酸とし，これを希硫酸で薄めて濃硫酸を得ます．このような硫酸の工業的製法を接触式硫酸製造法といいます.

硫酸はさまざまな肥料，繊維，薬品，金属の製造に不可欠なため，硫酸の生産能力は，一国の化学産業の指標となっています．ここ数年の年間生産量では，全世界のおよそ1億トンのうち，中国が3,000万トン，次いで，アメリカ，ロシアの各1,000万トン，日本の650万トンと続きます．

酸性雨

雨水には大気中の二酸化炭素が溶けているため，もともと弱い酸性（pHで5.6程度）です．火山活動や工業活動によって大気中に硫黄酸化物（SOx）や窒素酸化物（NOx）が放出され，これらを含む雨を一般に酸性雨といいます．日本では雨水のpHは4.8～5.0程度で，ここ数十年一定して，安全なレベルにあります．

ヨーロッパや北アメリカでは，建築物を傷つけたり，湖沼や土壌の酸性化により生態系を破壊するなど，深刻な環境問題を引き起こした例があります．

日本では，19世紀後半から20世紀前半にかけて，足尾銅山（栃木県）で銅を精錬する際に発生した鉱毒ガス（おもに二酸化硫黄）や排水中の金属イオンが，地域の環境に深刻な被害をもたらしました（図14-6）．

図14-6　植林中の足尾銅山の風景

第4節　ハロゲン

ハロゲンの単体

ハロゲンは，17族元素の総称で，7個の価電子をもち，一価の陰イオンになります．単体のハロゲンは，いずれも二原子分子からなり，有色，有毒です．その融点や沸点は，分子量が大きくなるほど高くなります（表14-1）．

表14-1　ハロゲンの性質

元素名	原子	電子配列 K L M N O	単体の分子式	融点（℃）	沸点（℃）	常温での状態
フッ素	$_9F$	2 7	F_2	−220	−188	淡黄色気体
塩素	$_{17}Cl$	2 8 7	Cl_2	−101	−34	黄緑色気体
臭素	$_{35}Br$	2 8 18 7	Br_2	−7	59	赤褐色液体
ヨウ素	$_{53}I$	2 8 18 18 7	I_2	114	184	黒紫色固体

ハロゲン化水素

ハロゲン分子は水素と反応し，ハロゲン化水素が生成します．ハロゲン化水素は，水に溶け酸性を示します（表14-2）．

表14-2　ハロゲン化水素の性質

ハロゲン化水素の名前	分子式	融点（℃）	沸点（℃）	水溶液の名前	酸の強さ
フッ化水素	HF	−83	20	フッ化水素酸	弱酸
塩化水素	HCl	−114	−85	塩酸	強酸
臭化水素	HBr	−89	−67	臭化水素酸	強酸
ヨウ化水素	HI	−51	−35	ヨウ化水素酸	強酸

フッ化水素の分子間には水素結合が働き，強い引力をもつため，融点や沸点が分子量の割にきわめて高くなります．フッ化水素の水溶液は，石英をとかすなど激しい性質を示すので，ガラスの表面加工などに用いられます．

塩化水素を水に溶かした水溶液を塩酸といい，工業用
として多量に生産されています。

ハロゲン単体の性質

塩素は室温で刺激臭をもつ黄緑色の気体で，海水の電
気分解で得られます。

塩素は，水にわずかに溶け，その水溶液を塩素水とい
います。塩素水は殺菌剤や漂白剤として使われます。こ
れは，塩素水中に酸化作用のある次亜塩素酸が含まれる
ためです。

$$Cl_2 + H_2O \longrightarrow HCl + HClO$$

ヨウ素は常温常圧で黒紫色の固体です。ヨウ素は，分
子間力が小さい分子結晶であり，固体から直接気体にな
る昇華という現象がみられます。図14-7は，試験管下
部のヨウ素の固体を加熱すると気体になり，上部の試験
管（氷水が入っている）の底にヨウ素の結晶が生成して
いる様子です。

ヨウ素溶液（ヨウ素のヨウ化カリウム溶液）にデンプ
ンを加えるとヨウ素デンプン反応により紫色になること
から，デンプンの検出に使われます。

図14-7　ヨウ素の昇華

ヨウ素は消毒薬としてもよく用いられます。ヨウ素の
アルコール溶液がヨードチンキです。ヨウ素とポリビニ
ルピロリドンの錯化合物はポビドンヨードと呼ばれ，商
品名「イソジン®」などのうがい薬が知られています。

ヨウ素は，体内で甲状腺ホルモンを合成するのに必要
です。日本では海藻などから自然にヨウ素の摂取が行わ
れますが，東日本大震災での原子力発電所の事故によ
り，放射性のヨウ素131（^{131}I）が放出されました。その
際，水に溶けたり食物などに付着して体内に侵入してく
る^{131}Iが甲状腺に蓄積しないよう，あらかじめ体内のヨ
ウ素量を増やすため，安定ヨウ素剤が配布された地域が
あります。

第5節 周期表の位置と化合物の性質

酸化物

酸素とほかの元素との化合物を酸化物といいます。酸
化物は，元素により水溶液の性質や酸，塩基との反応性
に違いがあります。周期表の第3周期の部分を抜き出
し，それらの酸化物を考えてみましょう（表14-3）。

ナトリウムNa，マグネシウムMgは金属であり，酸
化されると酸化ナトリウムNa$_2$O，酸化マグネシウム

表14-3　第3周期の元素の酸化物

族	1	2	13	14	15	16	17
元素記号	Na	Mg	Al	Si	P	S	Cl
おもな酸化物と その結合	Na$_2$O	MgO	Al$_2$O$_3$	SiO$_2$	P$_4$O$_{10}$	SO$_3$	Cl$_2$O$_7$
	イオン結合			共有結合			
水に溶けて生じる 化合物とその性質	NaOH 塩基性	Mg(OH)$_2$ 塩基性	Al(OH)$_3$ 塩基性		H$_3$PO$_4$ 酸性	H$_2$SO$_4$ 酸性	HClO$_4$ 酸性

◯ 塩基性酸化物　■ 両性酸化物　■ 酸性酸化物

MgO になります．これらの化合物を水と反応させると，ともに水酸化物になります．水に溶けて塩基となるので，Na_2O，MgO は塩基性酸化物に分類されます．

アルミニウム Al は酸にも塩基にも溶けるので両性金属といいます．その酸化物 Al_2O_3 も酸・塩基ともに反応するので両性酸化物です．

二酸化ケイ素 SiO_2 は岩石の主成分で，共有結合の結晶であり，水にほとんど溶けません．

一方，リン，硫黄，塩素の酸化物は水に溶けて酸となるので，十酸化四リン P_4O_{10}，二酸化硫黄 SO_2，三酸化硫黄 SO_3，七酸化二塩素 Cl_2O_7 は酸性酸化物といいます．一般に，分子中に酸素原子を含む酸をオキソ酸といいます．酸性酸化物が水と化合するとオキソ酸が得られます．

18族のアルゴンは希ガスで，電子配置が閉殻であるため一般には化学反応せず，単原子分子として存在します．

イオン化エネルギー

イオン化エネルギーとは，原子から電子を奪う際に必要なエネルギーのことです．普通は，原子から1個の電子を取り去って，一価の陽イオンにするのに必要なエネルギーに注目し，これを第一イオン化エネルギーといいます．原子から電子を引きはがすのにエネルギーが必要なのは，地球からロケットを飛ばすのに大量の燃料を消費するのと似ています．

一般に，イオン化エネルギーが小さい元素は陽性が強いといえます．たとえば，リチウムやナトリウムなどのアルカリ金属はイオン化エネルギーが小さく，一価の陽イオンになりやすい（電子を捨てて閉殻になりたがる）ことがわかります．これらの元素は通常は陽イオンとして存在しています．また，イオン化エネルギーが大きいということは電子を奪いにくく，むしろ電子をもらって陰イオンになりやすいといえます．フッ素や塩素が一価の陰イオンになりやすいのはそのためです．

一方，ヘリウム，ネオン，アルゴンといった希ガスははじめから閉殻であり，電子を奪うことはきわめて大変です．したがって，希ガスは化学反応せず，単原子分子として存在します．元素の周期性は，化合物の性質について，私たちに多くのことを教えてくれます（図14-8）．

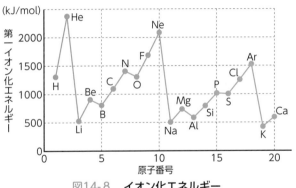

図14-8　イオン化エネルギー

STEP UP　原子の電子配置について

　本書で解説している電子配置は，ボーアの理論に基づいた古典的な原子構造をもとにしており，現象をうまく説明できるため，高校から大学初年度にかけて学びます．量子論によると，電子殻はさらに細かく分かれた電子軌道（オービタル）が集まってできていることがわかっています．

　オービタルは，その形状によってs軌道，p軌道，d軌道，f軌道…と区別され，K殻にはs軌道1種，L殻にはs軌道1種とp軌道3種，M殻には，s軌道1種，p軌道3種とd軌道5種からなります．図1，図2は電子が存在する大まかな領域を表したものです．d軌道はさらに複雑です．

　各軌道には電子2個を収容することができます（パウリの排他律）．K殻では，1s軌道に電子が2個入ります．L殻には，2s軌道に2個，3種の2p軌道に各2個の計8個が入ります．なお，1s軌道と2s軌道は外形は同じ球状ですが，2s軌道の方が大きく，二次元に投影した図では異なっています（図3）．

　つまり，実際の原子では，これら複数の軌道が重なり合っているのです．なお，個々の電子は大体どのあたりにいるかがわかるだけで，速さや運動の向きなどはわかりません．円運動しているわけではないのです．

　では，実際に電子が収容される様子を見ていきましょう．軌道に電子が入る際には，エネルギーの低い軌道から入っていきます．その順番を表したものが図4です．アパートの下の階から順に入居していくというイメージでいいと思います．

　K殻をつくる1s軌道に2個の電子が入って閉殻になったのが$_2$Heです．続いて，L殻を2s，2pの順に電子が入っていきます．$_7$Nの場合，2p軌道に3個の電子が入りますが，電子は1個ずつ分かれて入ります．これをフントの規則といいます．続く$_8$O，$_9$F，$_{10}$Neで1個ずつ入り，閉殻になります．最初1人ずつ入り，部屋が埋まっていたら相部屋になるのと似ているかもしれません．

　共有結合を作るとき，各原子の軌道が「混成」することによって，電子をキャッチボールできるようになります．また，電子スピン共鳴法（ESR）は，電子の「スピン」とよばれる運動の様子の違いを利用したものです．電子軌道を理解することは様々な現象を理解する上で重要です．

図1　s軌道

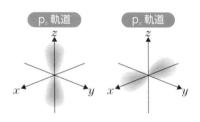

図2　p軌道のモデル

図3　s軌道の断面図

a. 電子の入る順番

エネルギーの増す方向

1s　2s　3s　4s　5s　6s
2p　3p　4p　5p
3d　4d
4f

ルール
・低いエネルギーから
・パウリの排他律
・フントの規則

b. ネオンまでの電子配置

原子	電子配置		
	1s	2s	2p
H	·		
He	··		
Li	··	·	
Be	··	··	
B	··	··	·
C	··	··	· ·
N	··	··	· · ·
O	··	··	·· · ·
F	··	··	·· ·· ·
Ne	··	··	·· ·· ··

図4　電子がとる軌道とその例

実験 してみよう！

漂白剤による色素の脱色

漂白剤を使って洗濯すると，衣類の汚れを漂白することができます．サインペンの色素を使って，漂白を観察しましょう．

準 備
サインペン（水性），塩素系漂白剤（ボトル入り），霧吹き，ろ紙（コーヒーフィルターも可），新聞紙

方 法
① ろ紙の片面にサインペンで模様を描きましょう．
② 塩素系漂白剤を 50 倍に薄めて，霧吹きに入れます．
③ ろ紙を新聞紙に載せ，霧吹きでスプレーしましょう．

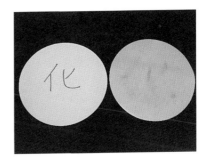

結 果
漂白剤によって色素の分子が分解され，色が消えます．色素の種類によっては，完全に消えないことや別の色になることもあります．霧吹き内部の金属部品が腐食するおそれがあるので，使用後は，その日のうちによく洗浄しましょう．

第14章 章末問題

① 化合物の性質に関する次の記述について正誤を判断し，正しければ○，誤っていれば×を記しなさい．

① 二酸化炭素の水溶液は，弱い酸性を示す．

② 二酸化炭素は，炭酸ナトリウムに希塩酸を加えると得られる．

③ 気体の二酸化炭素は，空気より軽い．

④ 二酸化炭素は石灰石の熱分解によって得られる．

⑤ アンモニアは，窒素を水素と反応させてつくられる．

⑥ オストワルトは，アンモニアの工業的合成法を発明した．

⑦ ヨウ素は常温で黒紫色の液体である．

② 硝酸の合成法（オストワルト法）に関する次の問いに整数で答えなさい．

a. 白金触媒を使って，100 mol のアンモニアを空気中の酸素と反応させて一酸化窒素にした．この反応に必要な酸素の物質量は何 mol か．

b. 100 mol のアンモニアを完全に硝酸に変換したとき，質量パーセント濃度63%の硝酸は何 kg 得られるか．

③ 質量パーセント濃度80%の硫酸 98 kg をつくるのに必要な硫黄の質量は何 kg か．有効数字3桁で答えなさい．なお，反応は完全に進行するものとする．

④ p.136の表14-3について，各酸化物が水と反応し，酸または塩基となる際の化学反応式をそれぞれ記しなさい．

⑤ 右の図に示す電子配置をもつ原子①〜③に関する記述として誤りを含むものをア〜オから一つ選べ．ただし，図の中心の丸は原子核を，そのなかの数字は陽子の数を表す．また，外側の同心円は電子殻を，黒丸は電子を表す．

ア ①〜③は，すべて周期表の第2周期に属する．

イ ①とヨウ素は，周期表の同じ族に属する．

ウ ①〜③のなかでイオン化エネルギーが最も小さいのは③である．

エ ①〜③のなかで1価の陰イオンに最もなりやすいのは①である．

オ ②の電子配置は，Mg^{2+} の電子配置と同じである．

章末問題 解答

第1章

① 省略

② ① ア　② イ　③ ア

③ ① × 金や白金は自然界に単体として存在します．その他の金属は酸化物や硫化物として存在するため，化学反応によって単体に変換する操作が必要になります．銅，鉄，アルミニウムの順に利用してきました．

② ○

③ × 周期表を提案したのはメンデレーエフです．アボガドロは，酸素，水素，窒素などが気体で存在するときは，2つの原子がくっついた「分子」として存在すると提案しました．

④

	元素名	地表（地殻）	地球全体	太陽系
H		1.4×10^5	6.1×10^3	2.8×10^{10}
He		0	1.1×10^2	2.7×10^9
C		1.7×10^3	6.9×10^3	1.0×10^7
N		1.5×10^2	5.4×10^1	3.1×10^6
O		3.0×10^6	3.5×10^6	2.4×10^7
Na		1.3×10^5	1.0×10^4	5.7×10^4
Mg		8.7×10^4	1.1×10^6	1.1×10^6
Si		1.0×10^6	1.0×10^6	1.0×10^6
K		6.7×10^4	6.4×10^2	3.7×10^3
Fe		9.1×10^5	1.1×10^6	9.0×10^5

（元素名の空欄は省略しています）

⑤ 省略

⑥ 省略

第2章

① 省略

② 省略

③ ア ドルトン　　イ 陽子　　　　ウ 中性子
　 エ 1840　　　 オ 原子番号　　カ 質量数
　 キ 18　　　　 ク 閉殻

④ ① × 窒素の最外殻電子は5個です．

② ○

③ ○

④ × 電子殻に収容される電子は最大 $2n^2$ 個になります．

⑤ × 最外殻電子はネオン，アルゴンなどは8個ですが，ヘリウムだけ例外的に2個です．

⑥ × 電子の質量を考えると，わずかに異なります．

⑦ × 原子の大きさは，最外殻電子の運動する領域とおおむね同じと考えていいでしょう．

⑤ イ

⑥ 17190年前

第3章

① a. $CaCl_2$　　　　　　　b. $Mg(NO_3)_2$
　 c. Na_2SO_4　　　　　 d. $CaCO_3$
　 e. $AgNO_3$　　　　　　f. $FeCl_3$
　 g. CH_3COONa　　　　h. Na_3PO_4
　 i. CuO　　　　　　　 j. $(NH_4)_2SO_4$
　 k. 水酸化銅（Ⅱ）　　　l. フッ化カルシウム
　 m. 硫酸鉄（Ⅱ）　　　　n. リン酸カルシウム
　 o. 塩化アンモニウム　　p. 硫化鉄（Ⅱ）

② a，b，e，f は省略

c.
```
     Cl              :Cl:
  Cl-C-Cl        :Cl:C:Cl:
     Cl              :Cl:
```

d. H-S-H　　　　H:S:H

g. H-O-O-H　　H:O:O:H
```
        H  H            H  H
j.  C=C-C-H       C::C:C:H
        H  H            H  H
```

h.
```
     H          H
  H-C-O-H     H:C:O:H
     H          H
```
k. H-C≡C-C-H

i.
```
  H-C-H      H:C:H
     O          :O:
```

③ ① ○

② ○

③ × ナトリウムの価電子は結晶全体を動き回るので，自由電子と呼ばれています．

④　× 塩化カルシウム $CaCl_2$ は，陽イオンと陰イオンの個数の比は1：2です．

⑤　× ナトリウムイオンはネオンと電子配置が同じなだけで，性質は異なります．

⑥　× 二酸化ケイ素やダイヤモンドは，共有結合の結晶とよばれています．

④ ①　ア　②　イ　③　エ

⑤ ア 共有結合　イ 同素体　ウ ドライアイス　エ 分子
オ 昇華　カ 自由電子　キ CuO　ク イオン

第4章

① $62.9 \times 0.692 + 64.9 \times 0.308 = 63.5\overline{16}$

② ①　○

②　× 原子量は，^{12}C を基準とした相対質量で表されます．質量数は，陽子と中性子の数の和で，原子量の概数を出す際に利用されます．

③　× ^{12}C の相対質量を12と定義されます．炭素には ^{13}C も存在するので，炭素の原子量はぴったり12ではありません．

④　○

③ a. 48　b. 18　c. 44　d. 46　e. 32

④ a. 0.20 mol　b. 0.50 mol　c. 3.5 mol　d. 2.0 mol
e. 0.25 mol

⑤ a. 22.4 L　b. 11.2 L　c. 44.8 L　d. 28.0 L
e. 56.0 L

⑥ a. 1.2×10^{24} 個　b. 8.4×10^{24} 個　c. 1.2×10^{24} 個
d. 1.2×10^{24} 個

⑦ 空気の平均分子量は，$28 \times 0.8 + 32 \times 0.2 = 28.8$ です．この気体の分子量を x とすると，

$$x = 28.8 \times \frac{1.01}{0.50} = 58.0$$

これに最も近いのはウのブタン C_4H_{10} です．

⑧ 3通り
比率は $^{35}Cl - ^{35}Cl$ が56 %（0.75×0.75），$^{37}Cl - ^{37}Cl$ が6%（0.25×0.25），$^{35}Cl - ^{37}Cl$ が38 %．

第5章

① a. 1, 5, 3, 4　　b. 1, 1, 2　　c. 4, 5, 4, 6　　d. 1, 5, 1
実際に化学反応式を記述する際には係数の1は省略します．

② メタン 8.0 g は 0.50 mol に相当します．
メタン燃焼の化学反応式は，

$$CH_4 + 2O_2 \longrightarrow CO_2 + 2H_2O$$

上式より，水は 1.0 mol 生成し，その質量は 18 g です．

③ 3 L

④ 化学反応の係数比を基に考えると，生成する二酸化炭素の質量は

$$\frac{10}{180} \times 2 \times 44 = 4.88 = 4.9 \, g$$

となります．

⑤ a.

	$2CO + O_2 \longrightarrow 2CO_2$		
はじめ	1	3	0
反 応	-1	-0.5	1
反応後	0	2.5	1 (mol)

したがって，2.5 mol

b.

	$C_2H_5OH + 3O_2 \longrightarrow 2CO_2 + 3H_2O$			
はじめ	1	3	0	0
反 応	-1	-3	2	3
反応後	0	0	2	3 (mol)

したがって，0 mol

c.

	$2H_2 + O_2 \longrightarrow 2H_2O$		
はじめ	1	3	0
反 応	-1	-0.5	1
反応後	0	2.5	1 (mol)

したがって，2.5 mol

⑥ $(0.70 \times 1000) \times 0.85 \times \dfrac{44}{12} \div 10 = 218$

有効数字は2桁なので，

$$2.18 \times 10^2 = 2.2 \times 10^2 \, g$$

⑦　1.0 L 中の硫酸は　$2.0 \times 98 = 196$ g

硫酸 1.0 L の質量は 1100 g なのでその質量パーセント濃度は

$$\frac{196}{1100} \times 100 = 17.8\%$$

したがって，18%

⑧　$2H_2O_2 \longrightarrow O_2 + 2H_2O$

過酸化水素の物質量は　$10.0 \times \dfrac{1.7}{100} \div 34 = 5.0 \times 10^{-3}$ mol

発生する酸素の物質量はこの半分です．

標準状態での体積 は 22400 を掛けることで得られるので，

$$5.0 \times 10^{-3} \times \frac{1}{2} \times 22400 = 56 \text{ mL}$$

となります．

⑨　$Mg + 2HCl \longrightarrow H_2 + MgCl_2$

マグネシウムの物質量は 0.010 mol　なので，前問と同様にして，

$$0.010 \times 1 \times 22.4 = 0.224 \text{ L}$$

よって，0.22 L です．

第6章

① ①　× 弱酸や弱塩基では，濃度が小さいほど電離度が大きくなります．
　② × 硫酸は 2 価の酸なので，水素イオン濃度は 2.0×10^{-2} mol/L です．
　③ × 塩酸を十分希釈すると，中性（pH は 7 です）に近づきます．
　④ ○
　⑤ × アンモニアは弱塩基です．その電離度を 0.01（1%）とすると，アンモニウムイオンはごくわずかしか存在しません．
　⑥ × 酸性が強いほど，pH は小さくなります．
　⑦ ○
　⑧ × 酢酸ナトリウムの水溶液は弱塩基性を示します．滴定曲線から考えてみましょう．
　⑨ × 中和点での pH は，滴定曲線から判断でき，pH ジャンプの直線の中点の値となります．そのため，塩化ナトリウムは中性ですが，塩化アンモニウムは酸性になります．このような現象を加水分解といいます．
　⑩ ○

② a. 0.25 mol
　b. 0.4 mol
　c. 0.3 mol

d. $0.20 \times \dfrac{80}{1000} = 0.050 \times \dfrac{v}{1000}$

　　$v = 320$

　　したがって，3.2×10^2 mL

e. $2 \times c \times \dfrac{20}{1000} = 2 \times 0.010 \times \dfrac{80}{1000}$

　　$c = 0.040$

　　したがって，4.0×10^{-2} mol/L

f. $1 \times c \times \dfrac{20}{1000} = 1 \times 0.025 \times \dfrac{40}{1000}$

　　$c = 0.050$

　　したがって，5.0×10^{-2} mol/L

③ a. $2HCl + Ba(OH)_2 \longrightarrow BaCl_2 + 2H_2O$
　b. $H_2SO_4 + 2NaOH \longrightarrow Na_2SO_4 + 2H_2O$
　c. $NH_3 + HNO_3 \longrightarrow NH_4NO_3$
　d. $HCl + KOH \longrightarrow KCl + H_2O$
　e. $H_2SO_4 + Ba(OH)_2 \longrightarrow BaSO_4 + 2H_2O$
　f. $CH_3COOH + NaOH \longrightarrow CH_3COONa + H_2O$

④ a. 3
　b. 1
　c. 4
　d. 12
　e. $[H^+] = 2 \times 10^{-2}$ mol/L より，pH $= 2 - \log2 = 1.7$
　f. $[H^+] = 6 \times 10^{-2}$ mol/L より，pH $= 2 - \log2 - \log3$ $= 1.22$
　g. $[OH^-] = 2.0 \times 10^{-4}$ mol/L より，水のイオン積に代入して $[H^+] = 5.0 \times 10^{-11}$ mol/L となる．したがって，pH $= 11 - \log_{10}5$
　　　ここで，$\log_{10}5 = \log_{10}(10/2) = 1 - \log_{10}2 = 0.7$ を利用して，
　　　pH $= 11 - \log_{10}5 = 11 - 0.7 = 10.3$

⑤　$H_2SO_4 + 2KOH \longrightarrow K_2SO_4 + 2H_2O$

反応した硫酸は $2.5 \times \dfrac{10}{1000} = 0.025$ mol です．

　　したがって，水酸化カリウムはその 2 倍の 0.050 mol 存在し，その質量は

$$0.050 \times 56 = 2.8 \text{ g}$$

となり，質量パーセント濃度は 28% です．

⑥ イ，エ

炭酸水素ナトリウム $NaHCO_3$ は，強塩基である $NaOH$ と弱酸である CO_2（H_2CO_3）の塩とみなすことができ，加水分解により弱塩基性を示します．$NaHCO_3$ を水に溶かすと Na^+，HCO_3^- に電離します．

第7章

① エ

② a. $+5 \rightarrow +2$　　b. $+4 \rightarrow +6$　　c. $-2 \rightarrow 0$
　d. $+4 \rightarrow +2$　　e. $-1 \rightarrow 0$

③ a. 化学反応式　$BaCl_2 + H_2SO_4 \longrightarrow BaSO_4 + 2HCl$
　　酸化数　$+6 \rightarrow +6$
　b. 化学反応式　$H_2S + I_2 \longrightarrow S + 2HI$
　　酸化数　$-2 \rightarrow 0$
　c. 化学反応式　$SO_3 + H_2O \longrightarrow H_2SO_4$
　　酸化数　$+6 \rightarrow +6$
　d. 化学反応式　$S + O_2 \longrightarrow SO_2$
　　酸化数　$0 \rightarrow +4$
　a, c は酸化還元反応ではないことに注意.

④ $0.050 \times \dfrac{20}{1000} = 0.020 \times \dfrac{V}{1000} \times 5$

　$v = 10 \text{ mL}$

⑤ オ

⑥ ① ○
　② × 亜鉛板の質量は減少し, 銅板の質量は増加しますが,
　　　その質量変化は異なります. これは亜鉛と銅の原子量
　　　が異なるからです.
　③ ○
　④ ○
　⑤ ○

第8章

① 燃焼熱
　$H_2(g)$, $C(黒鉛)$, $CO(g)$, $CH_4(g)$ は省略

　$C_2H_6(g) + \dfrac{7}{2}O_2(g) = 2CO_2(g) + 3H_2O(l)$
　$+ 1561 \text{ kJ}$

　$C_3H_8(g) + 5O_2(g) = 3CO_2(g) + 4H_2O(l)$
　$+ 2220 \text{ kJ}$

　生成熱

　$H_2(g) + \dfrac{1}{2}O_2(g) = H_2O(g) + 242 \text{ kJ}$

　$H_2(g) + \dfrac{1}{2}O_2(g) = H_2O(l) + 286 \text{ kJ}$

　$C(黒鉛) + O_2(g) = CO_2(g) + 394 \text{ kJ}$

　$C(黒鉛) + 2H_2(g) = CH_4(g) + 74.5 \text{ kJ}$

　$3C(黒鉛) + 4H_2(g) = C_3H_8(g) + 1055 \text{ kJ}$

② a. 0.50 mol　　b. 484 kJ　　c. 363 kJ

③ ① × 2 + ② × 2 − ③ より,
　　$Q = 788 + 572 + 52 = 1412 \text{ kJ/mol}$

④ 　黒鉛が二酸化炭素になる際に 394 kJ/mol 発熱します.
　また, 黒鉛が一酸化炭素になる際は $394 - 283 = 111$ kJ/mol
　発熱します. 問題文より, 一酸化炭素は 0.250 mol, 二酸化炭
　素は 0.750 mol 存在するので, 発生した熱の合計は
　　$0.250 \times 111 + 0.750 \times 394 = 323.25 \text{ kJ}$
　したがって, 323 kJ

⑤ 　メタンとエタンの物質量をそれぞれ x, y(mol) とすると,
　　$x + y = 2.0$
　　$890 x + 1560 y = 2785$
　これを解いて $x = 0.50$, $y = 1.5$
　したがって, メタンの割合は 25% です.

⑥ 　$H_2O_2(g) = H_2O(g) + \dfrac{1}{2}O_2 + Q \text{ kJ}$

　Qの値を, 以下の熱化学方程式を用いて算出します.
　　$H_2O_2(g) = 2H(g) + 2O(g) - (146 + 464 \times 2) \text{ kJ}$
　　$H_2O(g) = 2H(g) + O(g) - 464 \times 2 \text{ kJ}$
　　$O_2(g) = 2O(g) - 494 \text{ kJ}$
　これを解いて $Q = 101 \text{ kJ}$

⑦ $\dfrac{38 \times 31}{2800} \times 100 = 42\%$

第9章

① 第1節「化学反応の速さ」, 「活性化エネルギー」を参照

② a. 右, b. 左, c. 移動しない, d. 右, e. 右

③ 反応の量的関係をまとめましょう.

	N_2	$+ 3H_2$	$\rightleftarrows$	$2NH_3$	
はじめ	7.0	21		0	
変化量	−6.0	−18		12	
平衡時	1.0	3.0		12	(mol)
モル濃度	1/3	1.0		4.0	(mol/L)

　$K_c = \dfrac{(4.0)^2}{(1/3)(1.0)^3} = 48 \ (\text{mol/L})^{-2}$

④ a. $\quad [H^+] = \sqrt{K_a C} = \sqrt{1.8 \times 10^{-5} \times 0.020} = 6.0 \times 10^{-4}$ mol/L
したがって，pH $= 4 - \log_{10}2 - \log_{10}3 = 3.22$

b. $\quad 0.020 \times \dfrac{10}{1000} = 0.010 \times \dfrac{v}{1000}$

解いて，$v = 20$ mL

⑤ 溶液中の粒子の物質量は以下の通り．
ア 0.50 mol イ 0.40 mol ウ 0.20 mol エ 0.30 mol
したがって，沸点の順は ア＞イ＞エ＞ウ＞水 となります．

⑥ この溶液の質量モル濃度は $\dfrac{4.8}{60} \times \dfrac{1000}{100} = 0.80$ mol/kg

なので，その沸点上昇度は $0.52 \times 0.80 = 0.416$ Kです．
したがって，沸点は 100.416 ℃ となります．

⑦ ① × 食塩水には塩(えん)が溶解しているので，水の蒸発が
抑制されます．これを蒸気圧降下といいます．
② × 冷凍庫に入っている氷は，冷凍庫の温度(約 −20℃)に
なっています．
③ ○
④ ○
⑤ ○
⑥ × 赤血球内部のほうが塩濃度が大きいので，水中に入
れると，水が赤血球内部に移動して大きくなります．

第10章

① 省略

② ① × 炭化水素(極性を持たない＝無極性分子)は水には溶け
にくく，有機溶媒には溶けやすいです．
② ○
③ × アセチレンに水を付加させると，アセトアルデヒド
になります．
④ × 図の2つの化合物は，同じ化合物です．中央の炭素原
子に4つの原子団が結合して正四面体を形成していま
す．そのため，両分子を回転させると，同じ構造にな
ることがわかります．紙の上に描いて確認してみまし
ょう．

③ ペンタンは3種類，2−メチルブタンは4種類，2,2−ジメチル
プロパンは1種類

④ オ

⑤ このアルケン C_nH_{2n} の分子量は $14n$ で，臭素の付加で分子
量が 160 増えて $14n + 160$ になります．
反応前後の質量変化に注目して，
$14n : 14n + 160 = 5.60 : 37.6$
これを解いて $n = 2$ となります．

⑥

⑦ ・図3 ① ヘキサン ② 2−メチルペンタン
③ 3−メチルペンタン ④ 2,2−ジメチルブタン
⑤ 2,3−ジメチルブタン
・図4 ① ヘプタン ② 2−メチルヘキサン
③ 3−メチルヘキサン ④ 3−エチルペンタン
⑤ 2,2−ジメチルペンタン ⑥ 2,3−ジメチルペンタン

⑧
2,4−ジメチルペンタン

3,3−ジメチルペンタン

2,2,3−トリメチルブタン

補 足
数詞は無機化合物の英名にも含まれています．
一酸化炭素 CO は carbon monoxide
二酸化炭素 CO_2 は carbon dioxide
四塩化炭素 CCl_4 は tetrachloromethane

第11章

① 省略

② a. p.97の表 11-3 を参照．ヒドロキシ基の番号が最小になる
ように命名します．

b.

左にカルボン酸，右に
アルコールを記す習慣
があります．

③ ① ○
② × 酢酸に炭酸水素ナトリウムを加えると二酸化炭素が発生します.
③ ○
④ ○
⑤ × ギ酸はホルムアルデヒドの酸化により得られます. アセトアルデヒドの酸化では酢酸を生じます.
⑥ × エタノールを濃硫酸存在下, 130 〜 140 ℃ で脱水すると, ジエチルエーテルを生じます.
⑦ ○
⑧ × 第三級アルコールは酸化剤により酸化されません.

④ p.98の「アルコールとエーテル」を参照.

⑤ a. CH₃−C−OH + CH₃−OH ⟶ CH₃−C−O−CH₃ + H₂O
        ‖   ‖
        O   O

b. CH₃COOH + NaHCO₃ ⟶ CH₃COONa + H₂O + CO₂
   (中和反応などでは, 酢酸は構造式ではなく示性式で表します)

c. CH₃−C−O−CH₂−CH₃ + H₂O
        ‖
        O
   ⟶ CH₃−C−OH + CH₃−CH₂−OH
            ‖
            O

⑥ エステル X は酸素原子を4個もつことから, X にはエステル結合が2つあることがわかります.
加水分解して, もとのカルボン酸とアルコールに戻して, その構造を考えましょう.
まず, A を加熱すると脱水して, 分子式 $C_4H_2O_3$ の化合物Cが得られたことに注目します.
すると, A の分子式は, $C_4H_2O_3$ + H_2O に相当する $C_4H_4O_4$ になります. 酸素原子を4つもち, 脱水されるということから, マレイン酸と無水マレイン酸の関係を読み取りましょう.

したがって, C が無水マレイン酸, A がマレイン酸になります.
次に, B を酸化するとアセトンが得られることから, B は 2-プロパノールであるとわかります.
2級アルコールは酸化するとケトンに変化します.

CH₃−CH−CH₃ →(酸化)→ CH₃−C−CH₃
⑧ | ‖
      OH   O

以上のことから, エステル X は, マレイン酸に, 2分子の 2-プロパノールがエステル結合していることがわかります. したがって, X の構造式は次のようになります.

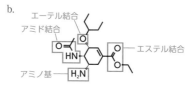

第12章

① 省略

② a. A エーテル結合   B アミド結合
    C フェノール性ヒドロキシ基
    D アルコール性ヒドロキシ基   E アルデヒド基
    F カルボニル基   G カルボキシル基
    H エステル結合
b.

オセルタミビル

パクリタキセルもこれらの官能基や原子団を多く含みます.
がんばって調べてみましょう!

③ ① ○
② × キシレン(パラ, メタ, オルト)のほか, エチルベンゼンの計4種類の構造異性体があります.
③ ○
④ ○
⑤ × ベンゼンのスルホン化でベンゼンスルホン酸が得られます.
⑥ × アニリンは塩基性なので, 塩酸と反応してアニリン塩酸塩を生じ, 水に溶けます.

④ サリチル酸の分子量は 138, サリチル酸メチルの分子量は 152 なので, サリチル酸 100 g が完全にサリチル酸メチルになったとすると,

$$100 \times \frac{152}{138} = 110\,g 得られます.$$

⑤ 省略

⑥ 　化合物 B はカルボン酸である。モノカルボン酸とすると，その分子量を M とすると，

$$\frac{1.00}{M} = 1.00 \times \frac{12.0}{1000}$$

$$M = 83.3$$

R-COOH とすると，R 部分の式量は 38.3 となります。ベンゼン環は炭素原子 6 個からなり，炭素原子に注目しても式量は 72 以上なので，芳香族化合物とはなりえないことがわかります。

もし，ジカルボン酸とすると，その分子量 M′ の満たす式は，

$$\frac{1.00}{M'} \times 2 = 1.00 \times \frac{12.0}{1000}$$

$$M' \doteqdot 167$$

となります。パラ二置換体で，ジカルボン酸とすると**テレフタル酸**が考えられ，$C_6H_4(COOH)_2$ の分子量は 166 で，条件を満たします。

第13章

① 　ア ペプチド　　イ 水素　　　　ウ 触媒
　　エ 酵素　　　　オ 基質特異性　カ アミラーゼ
　　キ ペプシン　　ク 青紫　　　　ケ ビウレット
　　コ キサントプロテイン　サ 変性
　　シ アンモニア　ス アミロース　セ アミロペクチン
　　ソ Cu_2O　　　タ グリコシド　チ グリセリン
　　ツ ミセル

② ① ○
　　② × セッケン（高級脂肪酸のナトリウム塩）の水溶液は弱塩基性を示します。
　　③ ○
　　④ × グルコースは α 体と β 体が大部分で，鎖状構造をとる割合はごくわずかです。
　　⑤ ○
　　⑥ × タンパク質を構成する約 20 種類のアミノ酸のうち，9 種類のアミノ酸は，体内で合成することができません。これを必須アミノ酸と呼び，食物から摂取する必要があります。

③ 省略

④ 　単位構造あたりの分子量は 162，グルコースの分子量は 180 なので，

$$405 \times \frac{180}{162} = 450 \text{ g}$$

第14章

① ① ○
　　② ○
　　③ × 空気を窒素 80 %，酸素 20 %の混合気体と考えましょう。空気の平均分子量は，$28 \times 0.8 + 32 \times 0.2 = 28.8$ のように求めることができます。二酸化炭素の分子量は 44 で，空気より重い気体であることがわかります。
　　④ ○
　　⑤ ○
　　⑥ × アンモニアの工業的合成法を開発したのはハーバーです。硝酸の合成法はオストワルト法とよばれています。
　　⑦ × ヨウ素は常温で黒紫色の固体です。日本では千葉県で産出し，海外に輸出されています。

② a. 　$4NH_3 + 5O_2 \longrightarrow 4NO + 6H_2O$
　　より，125 mol.
　　b. 硝酸は 100 mol 生成します。その質量を x(g) とすると，

$$x \times \frac{63}{100} \div 63 = 100$$

$$x = 10000 \text{ g}$$

　　したがって，10 kg 得られます。

③ 　硫酸の物質量は $98 \times 1000 \times \dfrac{80}{100} \div 98 = 800 \text{ mol}$

したがって，硫黄も 800 mol 必要で，その質量は

$$800 \times 32 \div 1000 = 25.6 \text{ kg}$$

④ 　$Na_2O + H_2O \longrightarrow 2NaOH$
　　$MgO + H_2O \longrightarrow Mg(OH)_2$
　　$Al_2O_3 + 3H_2O \longrightarrow 2Al(OH)_3$
　　$P_4O_{10} + 6H_2O \longrightarrow 4H_3PO_4$
　　$SO_3 + H_2O \longrightarrow H_2SO_4$
　　$Cl_2O_7 + H_2O \longrightarrow 2HClO_4$

⑤ ア

索 引

日本語索引

外国語索引

▶ **監修者略歴**

田中永一郎　久留米大学（生理学）教授

久留米大学大学院医学研究科博士課程終了後，久留米大学医学部准教授を経て，2008年から現職.
主な専門領域は生理学．医学部学生に対する講義・実習指導に加え，看護学校での教育歴も豊富．風景写真を撮るのが趣味だが，残念な事に出歩く暇を見つけ出せないでいる.

▶ **著者略歴**

松岡雅忠　福岡大学理学部化学科 准教授

駒場東邦高等学校教諭として21年間勤務ののち，2020年から現職．東京理科大学大学院博士課程修了.
化学科学生・教職志望学生向けの講義・実習の指導と，化学教育研究室の運営に携わる．中高生の理科系課外活動のアドバイスや実験教室などを全国で開催．化学グランプリ・オリンピック委員会幹事，日本化学会「化学と教育」誌の編集委員，第一学習社の教科書編集委員なども兼務する.

教養基礎シリーズ
まるわかり！基礎化学

2012 年 2 月 20 日　1 版 1 刷	©2021
2018 年 2 月 5 日　　　4 刷	
2021 年 7 月 1 日　2 版 1 刷	

監修者　　　著　者
た なかえいいちろう　まつおかまさただ
田中永一郎　松岡雅忠

発行者
株式会社 南山堂　代表者 鈴木幹太
〒113-0034　東京都文京区湯島 4-1-11
TEL 代表 03-5689-7850　　www.nanzando.com

ISBN 978-4-525-05422-9

A0542210201-A

資　料

付1 元素の同位体組成表

原子番号	元素記号	質量数	存在度(%)
1	H	1	99.9885
		2	0.0115
2	He	3	0.00013
		4	99.99987
3	Li	6	7.59
		7	92.41
4	Be	9	100
5	B	10	19.9
		11	80.1
6	C	12	98.93
		13	1.07
7	N	14	99.632
		15	0.368
8	O	16	99.757
		17	0.038
		18	0.205
9	F	19	100
10	Ne	20	90.48
		21	0.27
		22	9.25
11	Na	23	100
12	Mg	24	78.99
		25	10.00
		26	11.01
13	Al	27	100
14	Si	28	92.2297
		29	4.67
		30	3.0872
15	P	31	100
16	S	32	94.93
		33	0.76
		34	4.29
		36	0.02
17	Cl	35	75.76
		37	24.24
18	Ar	36	0.3365
		38	0.0632
		40	99.6003
19	K	39	93.2581
		40	0.0117
		41	6.7302
20	Ca	40	96.941
		42	0.647
		43	0.135
		44	2.086
		46	0.004
		48	0.187
26	Fe	54	5.845
		56	91.754
		57	2.119
		58	0.282
29	Cu	63	69.17
		65	30.83
35	Br	79	50.69
		81	49.31
47	Ag	107	51.839
		109	48.161
53	I	127	100

(値は2021年現在)

付2 原子の電子配置

周期	原子番号	元素記号	K殻	L殻		M殻			N殻			
			1s	2s	2p	3s	3p	3d	4s	4p	4d	4f
1	1	H	1									
	2	He	2									
2	3	Li	2	1								
	4	Be	2	2								
	5	B	2	2	1							
	6	C	2	2	2							
	7	N	2	2	3							
	8	O	2	2	4							
	9	F	2	2	5							
	10	Ne	2	2	6							
3	11	Na	2	2	6	1						
	12	Mg	2	2	6	2						
	13	Al	2	2	6	2	1					
	14	Si	2	2	6	2	2					
	15	P	2	2	6	2	3					
	16	S	2	2	6	2	4					
	17	Cl	2	2	6	2	5					
	18	Ar	2	2	6	2	6					
4	19	K	2	2	6	2	6		1			
	20	Ca	2	2	6	2	6		2			
	21	Sc	2	2	6	2	6	1	2			
	22	Ti	2	2	6	2	6	2	2			
	23	V	2	2	6	2	6	3	2			
	24	Cr	2	2	6	2	6	5	1			
	25	Mn	2	2	6	2	6	5	2			
	26	Fe	2	2	6	2	6	6	2			
	27	Co	2	2	6	2	6	7	2			
	28	Ni	2	2	6	2	6	8	2			
	29	Cu	2	2	6	2	6	10	1			
	30	Zn	2	2	6	2	6	10	2			
	31	Ga	2	2	6	2	6	10	2	1		
	32	Ge	2	2	6	2	6	10	2	2		
	33	As	2	2	6	2	6	10	2	3		
	34	Se	2	2	6	2	6	10	2	4		
	35	Br	2	2	6	2	6	10	2	5		
	36	Kr	2	2	6	2	6	10	2	6		

・半減期が $4×10^8$ 年以下の核種は省略しています.
・同位体の存在度は, 自然に, あるいは, 人為的に起こり得る変動, 実験誤差のため, 同位体ごとに存在度の桁数が異なります.